墨香财经学术文库
"十二五"辽宁省重点图书出版规划项目

U0674672

基于生命周期环境与经济集成视角的粮食作物秸秆资源化利用研究

Research on Resource Utilization of Grain Crop Straw Based on the Integration of Life Cycle Environment and Economy

洪静敏 著

东北财经大学出版社 大连
Dongbei University of Finance & Economics Press

图书在版编目（CIP）数据

基于生命周期环境与经济集成视角的粮食作物秸秆资源化利用研究 / 洪静敏著．
一大连：东北财经大学出版社，2023.10
（墨香财经学术文库）
ISBN 978-7-5654-5016-7

Ⅰ.基… Ⅱ.洪… Ⅲ.秸秆－资源利用 Ⅳ.S38

中国国家版本馆CIP数据核字（2023）第197717号

东北财经大学出版社出版发行

　　大连市黑石礁尖山街217号　邮政编码　116025
　　网　　址：http://www.dufep.cn
　　读者信箱：dufep @ dufe.edu.cn
大连图腾彩色印刷有限公司印刷

幅面尺寸：170mm×240mm　字数：175千字　印张：11.75　插页：1
2023年10月第1版　　　　2023年10月第1次印刷
责任编辑：田玉海　宋雪凌　责任校对：禾　田
封面设计：原　皓　　　　版式设计：原　皓
定价：59.00元

前言

  我国是农业大国，秸秆资源极其丰富。秸秆中不仅含有多种可被利用的有效成分，还蕴含着大量的热能。如何经济、清洁、有效地利用这些潜在的资源，变废为宝，是进行农业可持续发展的必然要求。为有效地避免二次污染或污染转移，同时尽量避免混杂的环境和经济信息对决策者造成困扰，本书运用生命周期环境影响评价方法（Life Cycle Assessment，LCA）与生命周期成本分析方法（Life Cycle Costing，LCC），以我国粮食作物秸秆资源化利用为研究对象，分析评价我国粮食作物秸秆资源化利用全过程引发的环境与经济影响；并基于生命周期环境与经济集成的视角回答企业或农户秸秆资源化利用过程中，环境损害和经济性等关键问题。

  首先，为把握我国粮食作物秸秆生成状况，本研究采用草谷比估算了我国 2005—2014 年十年间的粮食作物秸秆资源量的经时产量与 2014 年的空间分布状况。

  其次，为厘清我国粮食作物秸秆的焚烧现状，本书利用美国国家航空航天局（NASA）采用中分辨率成像光谱仪（MODIS）观测到的我国热异常数据与农用地数据,结合我国行政区域和当时的环境保护部环境监察局秸秆焚烧卫星遥感监测火点数据,对2007—2014年间的我国农作物秸秆燃烧火点数进行了提取。随后采用因子分析法和聚类分析法对我国粮食作物秸秆焚烧污染物排放量的空间分布特征进行了分析,并进一步构建了符合我国秸秆资源化利用的环境影响类别。

再次,从环境与经济双赢的角度提出环境、经济可行的我国粮食作物秸秆绿色资源化利用方案,突破国内外现有环境与经济影响并行评价的缺陷,真正地将清单与私人成本、环境影响与环境影响成本、生态影响与生态修复成本、人群健康影响与人群健康成本进行关联,实现全过程清单、环境影响、经济成本间的交汇融合,进而科学、系统地解析整个生命周期主要微观变量与整体环境、经济的直接或间接影响间的量化关系。

本书构建了本土化生命周期环境与经济综合评价量化分析模型。该模型在利用关键污染物特征因子替换法构建出适合我国国情的秸秆资源化利用LCA评价法的基础上,利用LCC对内部经济负荷(主要包含原辅料、能源、人工、利息、税收、基建、维修等费用)进行了量化。随后,将LCA分析所得的我国粮食作物秸秆资源化利用全过程温室气体排放量、二氧化硫、氮氧化物、颗粒物、重金属、土地利用及健康影响量化结果与环境排放成本、土地生态修复成本、健康损害成本量化相融合,旨在综合考察我国粮食作物秸秆资源化利用的环境与经济的综合负荷。

最后,利用本研究构建的上述综合评价模型,对我国常见的粮食作物秸秆资源化利用技术(即秸秆发电、还田、堆肥、饲料、制沼气、制乙醇等)进行了全过程环境与经济综合实证评价。

通过生命周期环境与经济集成视角的粮食作物秸秆资源化利用研究,本书得出如下结论:(1)控制粮食作物秸秆的露天焚烧,将有助于降低雾霾天气的形成。(2)应用改进的LCA评价方法,评价了玉米秸秆资源化利用的环境影响。(3)应用LCC方法,评价了玉米秸秆资源化利用的经济负荷。(4)基于LCA与LCC综合评价的结果表明,有产品替代时,可显著降低环境与经济的综合负荷。(5)基于影响生命周期环境成本的关键物质和关键流程分析的结果表明，应通过资源化利用技术工艺的改进，降低环境成本。（6）基于LCA与LCC的关联性分析的结果表明，针对环境影响较大、经济影响却较小的环节，政府需通过激励性的环境政策促进厂商的污染减排工作。

本书的创新之处主要体现在以下三个方面：（1）构建了符合我国国情的粮食作物秸秆资源化利用的生命周期环境影响特征化评价方法，弥补了依赖欧、美、日等国家或地区的生命周期环境影响评价模型分析我国秸秆资源化利用的LCA的不足。（2）构建了粮食作物秸秆资源化利用的本土化环境与经济综合评价模型。该模型不仅减轻或避免了因采用传统的权重法，进行生命周期环境与经济的综合评价带来的主观因素影响，还提升了综合评价结果对我国国情的适应性。（3）基于NASA的卫星遥感监测火点数据与生命周期评价方法，在国家层面上量化了我国秸秆焚烧的环境负荷分析，并提出了产品替代理念，构建了我国常见的玉米秸秆资源化利用技术的全生命周期过程中的主要微观变量与环境、经济负荷间的量化关系，进而提出了最优方案。

本书力图通过构建符合我国国情的粮食作物秸秆资源化利用的生命周期的环境与经济综合评价模型，为农业绿色发展、循环发展、低碳发展提供科学的且可信赖的理论依据。在对我国粮食作物秸秆主要处置与资源化利用技术进行实证研究的基础上，科学地提出我国粮食作物秸秆资源化利用的定量化评价方法与利用策略，促进我国粮食作物秸秆资源化利用的"质"的提高和发展。

本书的出版得到了辽宁石油化工大学发展规划处和经济管理学院的支持，以及东北财经大学出版社编辑老师的帮助。在此，表示衷心的感谢，并致以敬礼。

由于著者水平有限，难免有许多不成熟的观点和疏漏之处，敬请各位专家学者和广大读者提出宝贵意见，以便于在进一步的研究中进行提高。

洪静敏

2023年8月

目录

第1章 绪论

1.1 研究的背景与意义

节约资源和保护环境是我国的基本国策。党的二十大报告明确提出，全方位、全地域、全过程加强生态环境保护。

当前，我国社会经济发展形势非常严峻，总体上表现为资源约束趋紧、环境污染严重。我国作为农业大国，粮食产量稳步增长，粮食作物秸秆资源极其丰富，粮食作物秸秆资源化利用率也在逐年提高。根据国家发展和改革委员会与原农业部公布的数据，我国整体秸秆资源化利用率已经从2010年的70.6%提升到2015年的80.1%，资源化利用率已经远远高于世界平均水平（赵希鹏，2011）。但是，不可否认的是，因粮食作物秸秆的处置不当所导致的资源消耗与环境损害问题比较突出。以粮食作物秸秆露天焚烧为例，全国各地的粮食作物秸秆露天焚烧所引发的雾霾等环境问题，日益引起了民众的关注。目前，我国粮食作物秸秆资源化利用问题已不是利用的"量"的问题，而是利用的"质"的问题。但是，在关于粮食作物秸秆资源化利用的"质"的问题方面，也就是对粮食作物秸秆资源化利用过程中的资源消耗如何、环境损害如何、经济性如何的解析与评价方面，依然缺乏科学系统的研究。因此，科学、系统开展针对我国粮食作物秸秆资源化利用过程的环境与经济性方面的解析与评价研究，有利于促进我国农村生态文明的建设与可持续发展，有利于正确地指导我国粮食作物秸秆资源化利用的工作。

另外，在全球范围内各国面临着资源、能源短缺的背景下，碳减排已成为当今国际社会主流的战略选择。我国在 2009 年举办的哥本哈根世界气候大会上，旗帜鲜明地提出至 2020 年单位 GDP 碳排放比 2005 年降低 40%~45% 这一约束性指标。目前，这一指标已经纳入到我国经济与社会发展的中长期规划中。这里需要重点指出，碳减排不仅仅是针对二氧化碳的减排，还需要针对其他温室气体（如甲烷、一氧化二氮、氯仿等）进行定量评价并择优减排。另外，在针对碳减排进行原料更替、技术改进等措施时，还需对其他方面的环境影响（如对人体健康、资源消耗、生态影响）进行综合评价，以免造成因碳减排而引发的二次污染或污染转移。例如，由于粮食作物秸秆中含有丰富的有机质，与我国主要能源煤炭相比，粮食作物秸秆的生物质能利用存在着巨大的碳减排潜力（Peters et al., 2015; Boschiero et al., 2016; Hijazi et al., 2016），但也有部分学者指出，采用生物质能源制备有可能增加人群健康方面的污染（Boschiero et al., 2016; Xu et al., 2016）。因此，在开展温室气体减排与污染物控制的协同效应基础上，采用一套科学、系统的方法评价我国粮食作物秸秆资源化利用技术的碳减排潜力与环境、经济可接受性是势在必行的。

生命周期环境评价（Life Cycle Assessment，LCA）由于可以系统、科学、客观、有效地考虑二次污染或污染转移，对能源、资源以及废弃物进行源头优化匹配利用，实现外排物质减量化、资源化与无害化，因而成为当今国际上进行可持续发展评估与管理、清洁生产以及政策制定的必备工具之一。2013 年，为避免因产品环境评价方法不同，给消费者和采购方带来混乱的环境信息与高额环境信息披露成本，欧盟委员会在其环保法令"Building the single market for green products"中发布了基于 LCA 建立绿色产品的统一市场的公告，指出 LCA 是未来评价绿色产品唯一的方法。而生命周期成本分析（Life Cycle Costing，LCC）可以考量产品的原材料获取、生产制造、使用、废弃的全过程生命周期的私人成本，现已成为考量产品经济负荷和控制成本的重要工具。因此，利用 LCA 与 LCC 对粮食作物秸秆资源化利用的各种处置方案产生的环境（人体健康、资源消耗、生态影响和气候变化等）与经济负荷进行全面、系统且科学的比较，可以为我国在粮食作物秸秆资源化利用过程中实现节能减排、经济可行提供科学的理论依据。

1.2 研究目的

我国粮食作物秸秆资源化利用正处在由"量"的提升到"质"的提高阶段。本书的研究目的分为理论和实践两个方面。理论方面是通过构建符合我国国情的粮食作物秸秆资源化利用的生命周期的环境与经济综合评价模型，为农业绿色发展、循环发展、低碳发展提供科学的且可信赖的理论依据。实践方面是在对我国粮食作物秸秆主要处置与资源化利用技术进行实证研究的基础上，科学地提出我国粮食作物秸秆资源化利用的定量化评价方法与利用策略，促进我国的粮食作物秸秆资源化利用的"质"的提高和发展。

1.3 文献综述与述评

1.3.1 文献综述

针对粮食作物秸秆资源化利用的研究，国内外已有大量相关文献。粮食作物秸秆资源化利用作为一个十分复杂的过程，迄今为止国内外众多学者从秸秆资源供应、资源化利用途径、成本效益、技术研发、政策制定、生命周期环境影响评价、生命周期成本分析等多层面、多角度出发，就如何有效利用秸秆资源做了大量的有益探索。针对本书的研究目的，文献综述将国内外学者不同视角的研究归纳成秸秆资源综合利用、生命周期环境评价、生命周期成本分析、生命周期环境与生命周期成本综合评价四个层面进行综述。

1.3.1.1 关于秸秆资源综合利用的相关研究

（1）资源供应方面

随着我国经济的快速发展，尤其是 2000 年之后农业生产方式、农村生活方式的改变，秸秆资源综合利用的需求快速增加。由于我国地域辽阔，气候、环境、种植品种等方面存在差异，准确地估算我国秸秆资源产出量以及其分布，一直是学者们研究的课题之一。为此，许多学者采用不同的估算方法对我国的秸秆资源产出量和分布进行了研究。其中，钟华平（2003）等根据作物的经济系数估算出我国的秸秆资源量及其分布，并在此基础上进一步研究认为，我国秸秆资源的 95% 被耗散，资源浪费极其严重。毕于运（2010）研究认为，已有的秸秆资源量的计算方法存在不妥之处，并采用统计数据和实地调查的方法对我国秸秆资源产出量进行了重新计算。彭春艳（2014）等研究认为，同类作物因品种、生长环境、科技水平等因素不同，估算结果会呈现出年际差异和年内差异。蔡亚庆（2011）、刘志彬（2015）等研究认为，我国不同地区可资源化利用的秸秆资源潜力及秸秆资源密度分布不均，东北、华北、长江中下游地区资源潜力和密度比较大。

另外，还有学者们对秸秆资源化过程中，秸秆的资源可持续供应潜力进行了研究。丁文斌（2007）研究认为，随着科学技术的进步与农业结构的调整，主要农作物秸秆的产出潜力不仅可以为生物质能源的发展提供原材料保障，也可以促进我国能源消费结构的调整。吴海涛（2013）等研究认为，因农作物收获具有较强的季节性，种植业规模、作物多样性、气候条件对农作物秸秆资源可持续性供应具有显著的正向影响，能源压力、经济水平对农作物秸秆资源可持续性供应具有显著的负向影响。霍丽丽（2016）研究认为，为保证秸秆资源供应的经济性，秸秆资源供应半径不宜超过 26 千米。Lisboa et al.（2017）的研究结果认为，通过估计甘蔗秸秆的产出量、收割机设置、评估整体性能的操作等途径可以确保巴西的用于制备纤维素乙醇的甘蔗秸秆的供应。

（2）资源化利用途径方面

秸秆作为重要的生物质资源，其可再生利用已成为解决当前资源与环境之间矛盾的重要手段（张燕，2009）。随着人们环保意识的提高，开拓秸秆利用的产品化、生态化多种途径，促进秸秆资源化利用有利于合理、高效地利用农作物秸秆资源，有利于减缓我国当前的能源压力，是促进我国低碳经济、可持续发展的不可或缺的组成部分，更是调整我国能源消费结构、转变粗放式经济增长方式，建立可持续发展社会的有效措施（曹成茂，2010；何玉凤，2016）。但是，由于经济性、产业化等因素，秸秆资源化利用途径还需进一步优化（肖体琼，2010）。张燕（2009）的研究结果认为，我国秸秆资源化利用的肥料化、饲料化、能源化、原料化、基料化"五料化"途径中，肥料化、饲料化利用途径"合理却并非有效"。韩佳慧（2009）的研究结果认为，利用回归模型的比较分析，在可预测的范围内，2016年后秸秆还田（肥料化）途径的效益要高于秸秆能源化途径的效益。

（3）技术研究方面

秸秆资源化利用的相关技术涉及范围广，尤其是涉及秸秆离田资源化的相关技术相对较复杂，一些类似秸秆制备纤维素乙醇技术属于高新技术的范畴。因此，可以说秸秆资源化利用的相关技术的研究是秸秆资源化利用的基础，是秸秆资源化利用绿色发展、低碳发展的技术保障。学者们就秸秆资源化利用的"五料化"技术，从多方面入手进行了大量的研究。在秸秆肥料化技术领域，刘欣（2013）、佘晓华（2013）、蔺吉顺（2015）、赵新华（2016）等学者对秸秆还田技术与工艺的改进进行了研究，钱海燕（2012）、李涛（2016）、李有兵（2016）等学者基于秸秆还田技术对土壤理化性状的影响进行了研究。在秸秆饲料化技术领域，王璐璐（2014）、康建斌（2014）、王瑞丽（2016）等学者对秸秆饲料的相关技术与工艺进行了研究。在秸秆能源化技术领域，陈冶（2009）、康卫丽（2012）、商宇薇（2014）等学者对利用秸秆发电的相关技术工艺进行了研究，刘秀娟（2011）、卢文冰（2012）、连淑娟（2014）、赵晨（2015）等学者对秸秆制备沼气的相关工艺技术进行了研究，张伟（2011）、王奇（2012）、朱圆圆（2015）等学者对秸秆制备纤维素乙醇的工艺技术进行了深入研究。另外，有国外学者对秸秆资源化利用的相关技术也做了大量的研究。近期，Ghaffar et al.（2015）对利用生物工程技术实现秸秆的生物制品（即生物能源和生物复合材料）的可行性和局限性开展了研究，研究指出是否采用温和的化学或物理预处理过程是秸秆生物工程成败的关键。Sasaki et al.（2016）针对用于甲烷发酵和木质素回收的稻秆的机械球磨、支撑材料和纳滤膜的集成工艺的技术进行了研究，结果表明该集成工业有助于实现稻秆的彻底资源化利用。上述学者的研究从秸秆资源化利用的工艺技术角度进行了深入探讨，为相关技术工艺的进步作出了巨大的贡献。

（4）成本效益分析方面

成本效益分析的概念提出，最早可以追溯到19世纪法国学者朱乐斯·帕帕特的著述中，后经意大利学者Vilfredo Pareto、美国学者John Richard Hicks等的完善形成了今日的成本效益分析理论。美国与OECD为规范CBA的应用，相继颁布了指导原则，成本效益分析方法不仅被世界各国用来制定政策，也被用作单一处理技术的评价。此外，作为理性的经济主体，在竞争性的市场领域中，根据市场环境约束追求自身利益最大化。农户与厂商作为秸秆资源化利用的经济主体，秸秆资源化利用过程的成本效益必然是其考量的重点。在类似秸秆焚烧、还田、制备沼气、饲料等处置方式中，农户是秸秆资源化利用的经济主体，许多学者对其处置秸秆方式的成本效益进行了研究。张琳（2007）认为，从成本效益的角度看，农户为追求利益最大化进行秸秆焚烧是农户对处置秸秆的各种方式进行比较后的理性行为，而且这也是由于劳动力机会成本过高所导致的不得已的选择（梅付春，2008）。但是，马骥（2009）认为，忽略秸秆资源化利用的各种约束条件直接比较农户处置秸秆各种方式的成本和效益会导致研究结果与现实存在偏差。对此，王舒娟（2014）基于成本效益分析法，在时间、技术、资金、机械、政策等约束条件下对农户秸秆资源处置行为进行了研究，结果表明，净效益由高到低依次为秸秆还田、制备沼气、秸秆焚烧。

厂商作为秸秆资源化利用的另一经济主体，学者们对其的秸秆离田产业化的秸秆资源化利用过程，即成本效益进行了研究。学者们的研究主要集中在秸秆能源化利用领域，并具有一个普遍的共识，认为我国秸秆资源丰富，秸秆替代燃煤发电具有良好的外部正效益，应鼓励该产业的健康可持续发展（陈建华，2009）。长期来看秸秆资源发电综合效益非常可观，但由于综合效益具有滞后性，且受技术、市场、原料等条件的约束，所以近期综合效益不太显著（冯伟，2011）。通过实证分析结果推论，若将全国的秸秆资源充分利用起来，秸秆发电的综合效益将达到1 182.2亿元（蒋冬梅，2008），农村居民通过生物质能源的发展，理论上共可获得经济收益488.4亿元，主要来自生物质气化和发电产业（张亚平，2009）。由于我国各地区的经济发展水平和资源环境等方面存在的差异，我国秸秆发电成本按地区来看，由高到低排序，依次为沿海地区、中部和东北部地区、西部地区，但西部地区秸秆资源产出量较低难以产业化，应首先发展秸秆资源丰富的中部和东北部地区（齐天宇，2011）。此外，在秸秆能源化利用领域的秸秆制备沼气方面，王红彦（2014）针对秸秆沼气集中供气的经济性进行了研究。其研究结果认为，秸秆沼气集中供气相比传统的秸秆沼气制备方式，能够提高秸秆利用效率，规模越大的具有的经济效益越明显。在秸秆能源化利用领域的秸秆制备纤维素乙醇方面，宋安东（2010）针对秸秆制备纤维素乙醇的经济性分析结果认为，基于生产运行300t/a的秸秆纤维素乙醇厂商，其生产成本约为7 385元/吨。王丽（2015）在比较不同预处理工艺制备纤维素乙醇的技术经济分析结果后认为，在稀酸法、氨纤维爆破法、液态热水法三种不同预处理工艺下制备纤维素乙醇，单位体积乙醇的运营成本分别为2.59元/升、2.74元/升、2.64元/升，在盈亏平衡极限情况下，纤维素乙醇产品的最低出厂价格（MESP）分别为4.32元/升、4.62元/升和4.59元/升。

另外，学者们对厂商的秸秆离田产业化的秸秆资源化利用过程的部分环节的成本也进行了有针对性的研究。刘华财（2011）、徐亚云（2014）、方艳茹（2011）等学者对秸秆资源化利用过程的收储运环节成本或是不同收储运模式成本进行了研究，其研究结果认为收储运环节成本介于120~260元/吨之间，集中型收储运模式优于分散型收储运模式。Ishii et al.（2016）针对日本北海道产水稻秸秆热利用的物流成本进行了研究，结果表明物流成本与秸秆颗粒物的产量息息相关。Launio et al.（2016）对农户水稻秸秆管理成本进行了分析，研究表明虽然快速秸秆堆肥需要更高的额外成本，但因为可显著地减少温室气体排放，其成本效益较佳。Nguyen et al.（2016）探讨了越南湄公河三角洲地区的稻草收集能源效率、温室气体排放与成本，研究表明秸秆收集的成本约占秸秆制沼气或制蘑菇生产的总投资成本的10%~20%。上述这些研究为本研究进一步探讨粮食作物秸秆资源化利用的全过程经济影响量化分析提供了技术支持。

（5）政策制定方面

我国秸秆资源丰富，与秸秆资源化利用相关的技术条件基本上趋于成熟，相关政策法律环境也已经基本具备（傅志华，2008）。尤其是近几年，全国人民代表大会、国家发展和改革委员会、农业农村部等相关立法和职能机构相继出台了秸秆资源化利用的相关法律和政策，进一步完善了政策法律环境。但是，仍然存在秸秆资源化利用过程中出现的农户秸秆还田积极性不高、秸秆焚烧现象屡禁不止、秸秆离田产业化利润率低、秸秆资源化厂商融资难等问题。目前，我国秸秆资源化利用还处于初级阶段，其发展需要政府制定强力有效的政策进行支持。王红彦（2016）在总结国外秸秆利用政策法规的基础上，指出我国秸秆利用政策在目标政策、投资扶持政策（财政政策）、税收与信贷优惠政策、政策激励机制四个方面与国外存在差距，应结合我国国情进一步完善相关法律和政策。针对上述情况，我国学者进行了大量的研究探索。张国兴（2008）基于机制设计理论构建的委托代理模型，探讨分析并给出了基于秸秆替代煤发电项目社会效益的政府补贴策略和基于秸秆发电成本变动的政府补贴策略。钱加荣（2011）以河南、江苏两省实地调研数据为依据，基于Logit模型分析了农业技术补贴政策的实施效果，结果表明农业技术补贴政策对农业技术采用率的提升虽然有一定的促进作用，但是由于宣传力度的不足致使其政策效果并不明显。贾秀飞（2016）基于公共政策学与经济学维度的分析认为，秸秆资源化利用政策工具应从重视经济激励型政策工具、创新命令与控制型政策工具、引入环境自愿型政策工具三个方面出发进行选择。

1.3.1.2　关于生命周期环境评价（LCA）的相关研究

（1）生命周期环境评价（LCA）理论与方法的研究

国际上对生命周期环境评价（LCA）的研究，最早可以追溯到20世纪60年代末、70年代初出现的资源与环境状况分析研究（Hunt R G et al.，1996）。随着80年代出现的全球性固废问题，苏黎世大学在荷兰Leiden大学的清单数据库的基础上，从生态平衡和环境评价的角度出发，首次对LCA开展了较为系统的研究（霍李江，2003）。1990年国际环境毒理学与化学学会（SETAC）首次正式提出了LCA的概念，多次召开学术会议对LCA理论与方法进行了广泛的研究与探讨，并与国际标准化组织（ISO）合作进行LCA方法论的国际标准化研究。作为全新的预防性环境评价理论与方法，欧美日等发达国家的相关研究单位与相关学者，在生命周期环境评价模型方面提出了Eco-indicator 99模型（Goedkoop，1999）、EPS2000模型（Steen B，1999）、CML模型（Guinee et al.，2001；Huijbregts M，1990—1995；Wegener Sleeswijk et al.，2000）、Impact2002+模型（Jolliet O et al.，2003）、EDIP2003模型（Hauschild J P O M，2004）、TRACI模型（USEPA，2008）、BEES+模型（NIST，2008）、ReCiPe2008模型（Goedkoop M et al.，2009）、ILCD模型（European Commission，2012）、EPD2013模型（SEMC，2013）；在生命周期清单数据库构建方面，欧美日等国家和地区构建了ETH-ESU96数据库（瑞士）、BUWAL 250数据库（瑞士）、Ecoinvent 2000数据库（瑞士）、Put-Output 95数据库（荷兰）、IDEMAT 2000数据库（荷兰）、SPINE@CPM数据库（瑞典）、LCA Food Database数据库（丹麦）、Input-Output 98数据库（美国）、Franklin US LCI 98数据库（美国）、Input-Output数据库（日本）。

另外，国内相关研究单位和相关研究学者在生命周期环境评价模型方面，由于国内的相关研究起步较晚，缺乏较为完善的生命周期数据库支撑，所以在生命周期环境评价模型方面还缺乏有影响力的成就。但是，近些年随着国内的重视，为弥补本土生命周期清单数据库的缺失，陆续有相关研究单位和相关研究学者构建了数据库。其中主要有山东大学的 CPLCID 数据库、中国科学院生态环境研究中心的 CAS-RCEES 数据库、四川大学的 CLCD 数据库、北京工业大学的 Sino-Center 数据库。如上所述，国内外的相关研究单位和学者的相关研究，为生命周期环境（LCA）理论与方法的发展作出了卓越的贡献。

（2）生命周期环境评价（LCA）的应用研究

资源短缺、环境约束趋紧已经成为当前制约社会经济发展的一个重要问题。应用作为预防性环境评价理论与方法的生命周期环境评价方法，探知秸秆资源化利用过程全生命周期的环境负荷、关键流程、关键物质等，有利于从源头控制环境污染及污染的二次转移。为此，国内外学者们针对秸秆资源化利用进行了大量的生命周期环境评价应用研究。

对于秸秆资源化利用的"五料化"的生命周期环境评价应用研究，国外学者主要集中在离田能源化方面，在秸秆肥料化、饲料化、基料化、原料化方面的生命周期环境评价应用研究论述较少。

秸秆制纤维素乙醇的生命周期环境评价应用研究。Cherubin et al.（2009）、Kalogo et al.（2010）、Neupane et al.（2010）、Whitman T et al.（2011）、Schmitt et al.（2011）、Sobrino et al.（2011）、Borrion et al.（2012）、Baral A et al.（2012）、Murphy C W et al.（2015）、Soam S et al.（2016）等学者们的研究结果表明，对于温室气体的排放有两种意见，一种认为温室气体排放来自生物质种植阶段，另一种认为温室气体排放来自乙醇转化过程中。另外，与传统汽油相比，有人认为纤维素乙醇可带来在酸性化和富营养化方面的负面影响，会增加生态毒性和人类健康损伤。但也有学者认为会降低这些负荷。这些不同的结果是由于 LCA 系统的边界、功能单位、数据质量和分配方式选择的不同引起的。

秸秆发电生命周期环境评价应用研究。Bain et al.（2002）、Tampier et al.（2004）、Alonso-Pippo et al.（2008）、Bakos et al.（2008）、Evans et al.（2010）、Shafie S M et al.（2014）、Sastre C M et al.（2015）等国外学者对不同国家和地区、不同秸秆的秸秆发电生命周期环境评价

研究结果表明，其共同认知是电价、发电效率、温室气体排放等因素左右着秸秆发电的可行性，且利用秸秆发电必须注意土地与水的使用，同时认为专门种植能源作物进行发电是不可持续的。

秸秆制备沼气生命周期环境评价应用研究。Ekman et al.（2013）、Shie et al.（2013）等国外学者的研究表明，其共同认知是秸秆制备沼气效率制约着秸秆制备沼气的可行性，但其研究基本上局限于温室气体排放与化石能源消费影响类别。

关于秸秆资源化利用的"五料化"的生命周期环境评价应用研究，我国学者的研究领域主要集中在秸秆肥料化和能源化领域。

秸秆肥料化领域的生命周期环境评价应用研究。彭小瑜（2015）基于 LCA 评价方法对陕西关中地区的小麦、玉米秸秆还田方式进行评价，研究结果表明，富营养化、水体毒性和环境酸化对整个生命周期的生态环境影响较大。高雪松（2016）基于 LCA 评价方法对成都地区典型的还田方式进行评价，研究结果表明，稻秆直接还田方式的温室气体排放量高于稻秆堆肥还田方式。

秸秆能源化领域的生命周期环境评价应用研究。在秸秆制备沼气集中供气方面，赵兰（2010）基于 LCA 评价方法，首次对秸秆制备沼气集中供气示范工程进行了系统的生命周期环境评价，研究结果表明，秸秆制备沼气集中供气工程的能量效率为 0.13、能量效益显著，环境负荷为 -47.4 标准人当量，具有很高的环境效益，是一种非常高效环保的秸秆资源化利用方式；王红彦（2016）基于 LCA 评价方法，对秸秆制备沼气集中供气工程进行了生态可持续性评价，研究结果表明，秸秆制备沼气集中供气工程对全球环境负荷为 -137.72 标准人当量，环境效益显著，电力消耗是影响秸秆制备沼气集中供气工程环境排放的重要环节；王俏丽（2015）基于 LCA 评价方法，对具有代表性的某秸秆制备沼气集中供气工程进行了生命周期环境评价及敏感性分析，研究结果表明，秸秆制备沼气全生命周期过程对环境负荷的总体影响有改善作用，尤其是减少了化石燃料消耗以及癌症因子排放，但是在对全球变暖的潜势作用方面，由于受到秸秆制备沼气全生命周期过程的沼气处理单元的影响，对全球变暖潜势的作用是不利的。关于秸秆制备沼气集中供气工程的生命周期环境评价出现不同的结果是由于 LCA 系统的边界、功能单位、数据质量和分配方式选择的不同引起的。在秸秆发电方面，冯超（2008）基于 LCA 评价方法，对秸秆直燃发电项目进行了生命周期环境评价，结果表明，稻秆直燃发电、小麦秸秆直燃发电、玉米秸秆直燃发电的环境总负荷分别为 247.36 毫人当量、268.74 毫人当量、267.33 毫人当量；刘俊伟（2009）基于 LCA 评价方法，对秸秆直燃发电项目进行了生命周期环境评价，结果表明，秸秆直燃发电生命周期过程对环境影响的总负荷为 35.18 人当量，烟尘排放居环境影响总负荷的首位；李欣（2016）基于 LCA 能值分析，对秸秆直燃发电系统进行了生命周期环境评价，结果表明，秸秆直燃发电系统的 CO_2 排放指标远小于燃煤发电系统，具有较强的环境可持续性。关于秸秆发电项目的生命周期环境评价出现不同的结果是由于秸秆种类、LCA 系统的边界、功能单位、数据质量和分配方式选择的不同引起的。在秸秆制备纤维素乙醇方面，田望（2011）基于 LCA 评价方法，对以稀酸预处理、酶水解法生产的玉米秸秆制纤维素乙醇进行了生命周期环境评价，结果表明，纤维素乙醇 E100 生命周期化石能耗与汽油相比减少79.63%，温室气体排放减少53.98%；洪静敏（2015）基于 LCA 评价方法，对以玉米或玉米秸秆两种情景制备纤维素乙醇的环境影响进行了比较，结果表明，玉米秸秆制备纤维素乙醇比玉米制备纤维素乙醇环境友好度高，玉米秸秆制备纤维素乙醇的环境负荷主要来自化学生产、电力生产、柴油制备、运输等环节，致呼吸系统疾病物质、全球变暖、不可再生资源消耗类别对总体环境影响贡献较大。此外，在秸秆制备成型燃料方面，朱金陵（2010）、林成先（2009）也进行了深入且细致的研究。

虽然国内外学者们选择的研究领域、对象不同，或因 LCA 系统的边界、功能单位、数据质量和分配方式选择的不同导致的结论也有所不同，但都从不同程度反映出国内外学者们对秸秆资源化利用环境影响的关注。由这些生命周期环境评价研究可以看出，秸秆资源化利用有助于环境的改善。

1.3.1.3 关于生命周期成本分析的相关研究

（1）生命周期成本理论的研究

国际上对生命周期成本的研究，最早可以追溯到20世纪50年代的美国国防部关于设备维修费的调查。1966年美国国防部开始正式研究生命周期成本评价法，并于1970年发布了《设备的生命周期成本》一文。之后，生命周期成本评价法逐渐受到世界各国相关研究单位和学者的关注，1974年学者GordonA在英国《建筑与工料测量》杂志上发表"3L概念的经济学"一文，提出了"全生命周期工程造价管理"的概念，进一步拓展了生命周期成本的内涵。1977年美国建筑师协会出版的《生命周期成本分析——建筑师指南》中，初步给出了生命周期成本的概念、思想、研究方向、分析方法（韩庆兰，2012）。1984年日本学者日比宗平在其著作《寿命周期费用评价法：方法及实例》中进一步详细系统地介绍了生命周期成本评价法。

随着20世纪90年代开始的资源约束趋紧问题的日益严重，各国学者关于生命周期成本理论的研究也呈现出日益活跃的态势。Kang B S et al.（1998）构建了基于神经网络决策树的生命周期成本模型、Valerdi（2007）基于层级树的形式构建了COSYSMO生命周期成本模型、姜少飞（2007）基于生命周期成本思想构建了产品设计过程基于多智能体模型、Tamer E et al.（2006）构建了基于Web语义系统的生命周期成本管理系统。如上所述，国内外的相关研究单位和学者的相关研究，为生命周期成本理论与方法的发展作出了卓越的贡献。

（2）生命周期成本的应用研究

全球范围内资源约束趋紧的今天，产品成本的控制不仅仅局限于控制产品的生产成本，还应控制产品生命周期成本的全部内容（韩庆兰，2012）。经过文献梳理，发现生命周期成本的应用研究虽然较多，但在秸秆资源化利用方面的生命周期成本应用研究的文献较少。中文文献中，陈建华（2009）对秸秆替代燃煤发电的外部效应测算研究结果认为，由于当地产业结构特点使得农作物秸秆替代燃煤发电产生了860万元的经济负效益，并且由于农作物秸秆的运输增加了508吨的原油消耗，但却带来了近千人的就业效应，增加了农民收入，同时每年为地方减少 2 554 万元的环境成本，节约原煤近 8 万吨，原铁矿 40 吨，石灰石 25 吨，原铜矿 3.6 吨。因此，秸秆替代燃煤发电具有显著的外部正效益，为鼓励该产业的健康可持续发展，各级政府应该在税收减免和财政支出上给予支持。英文文献中对秸秆资源化利用的生命周期成本评价研究也较少。其中，Luo et al.（2009）利用 LCC 研究了使用甘蔗和其秸秆制生物乙醇的经济影响，结果表明税收与补贴是影响成本的关键环节。Tian et al.（2011）利用美国数据预测了中国秸秆制备纤维素乙醇的生命周期成本，指出了通过秸秆制备纤维素乙醇可节约高达 76% 的生命周期成本。

1.3.1.4 关于生命周期环境与生命周期成本的综合评价研究

以往学者们关于生命周期的研究多是从生命周期环境评价或生命周期成本分析的单行考量。随着人们对可持续发展的理念、思想的认知逐渐加深，政府、厂商等决策者们越来越多地需要对环境、经济的并行集成综合考量。在理论研究方面，Norris GA（2001）认为，生命周期环境评价作为评价工具的单一环境属性决定了其为决策者们提供决策支持的应用局限性，而生命周期环境评价与生命周期成本分析的综合评价结果所包含的环境属性和经济属性有助于为决策者们提供更好更全面的决策支持，二者的集成综合研究是非常有必要的。Senthil K D et al.（2003）在生命周期环境评价模型中融入生命周期成本分析的方法论，提出了兼具环境影响评价与环境成本分析功能的 LCECA 模型。王丽琴（2007）在研究生命周期环境评价与生命周期成本分析的集成理论的基础上，开发设计了 LCA&LCC1.0 计算机系统。侯倩（2015）利用层次分析法和 TOPSIS 法构建了生命周期环境评价与生命周期成本分析的综合评价方法。在应用研究方面，利用 LCA 与 LCC 的综合评价方法，对垃圾处理、建筑、桥梁、工业产品方面的应用研究较多，在秸秆资源化利用方面的应用研究目前只发现洪静敏（2012；2015）的关于秸秆发电、秸秆制备沼气、秸秆制备纤维素乙醇、秸秆制备糠醇等四篇文献。

学者们的研究有力地促进了 LCA 与 LCC 集成综合评价研究的发展。但是，目前关于 LCA 与 LCC 集成综合评价研究还处于探索发展阶段，尤其是国际标准化组织（ISO，2006）明确提出，如果评价结果是面向公众的，在使用生命周期方法时应避免或减少使用权重，所以现在有些学者使用的集成方法有待商榷。

1.3.2　文献述评

本书从秸秆资源综合利用、生命周期环境评价、生命周期成本分析、生命周期环境评价与生命周期成本分析综合评价等方面进行了文献综述。通过文献综述可知，秸秆资源化综合利用得到了国内外学者长期、持续的关注，并在理论与实践方面取得了大量有益的研究成果。同时，学者们的有关秸秆资源化利用过程的生命周期环境评价、生命周期成本分析的研究成果进一步深化了秸秆资源化利用研究。

但是，这些研究多是针对秸秆资源化利用的单一利用研究，缺乏秸秆资源化利用的横向比较研究。目前，我国秸秆资源化利用已经处在由"量"到"质"的发展阶段，秸秆资源化利用的横向比较研究应成为现阶段研究关注的重点。另外，文献中很少有针对秸秆资源化利用的各种技术在同一系统边界、同一功能单位下进行的比较研究，以及很少有是在构建符合我国国情的生命周期清单、环境影响类别、特征化评价方法基础上进行的解析研究，而且这些研究多是从经济或环境单一视角的秸秆资源化利用研究，缺乏经济与环境综合视角的秸秆资源化利用横向比较研究。

本书基于生命周期环境评价与生命周期成本分析的理论方法，从环境与经济的综合视角对我国粮食作物秸秆资源化利用进行研究。为突破国内外现有环境与经济影响并行评价的缺陷，本研究将清单与生命周期成本、环境影响与环境影响成本、生态影响与生态修复成本、人群健康影响与人群健康成本进行关联，实现全过程清单、环境影响、经济成本间的交汇融合，进而可科学、系统地解析整个生命周期主要微观变量与整体环境、经济的直接或间接影响间的量化关系，并以此为我国粮食作物秸秆的环境、经济可行的绿色资源化利用提供政策参考。

1.4 研究内容、研究方法和技术路线

1.4.1 研究内容

根据本书提出的研究目标，本书的研究将在对文献的梳理与评述的基础上展开。本书的相关具体研究内容共分为：

第1章为绪论。主要介绍研究背景与意义、研究目的与研究内容、所采取的技术路线以及可能的创新之处。

第2章为相关概念的界定、理论方法与逻辑框架。主要对本书中所涉及的相关概念进行界定、对本研究的相关理论方法进行阐述，并对本书研究的逻辑框架进行说明。

第3章为粮食作物秸秆的资源化发展基础及焚烧污染空间分布分析。主要对粮食作物秸秆资源化利用的资源基础、技术基础、政策基础加以阐述，并对粮食作物秸秆露天焚烧环境污染物排放的空间分布特征加以分析研究。

第4章为粮食作物秸秆资源化利用环境评价与经济分析模型。利用关键污染物特征因子替换法构建出适合我国国情的秸秆资源化利用LCA评价方法，并在同一系统边界内构建LCC评价方法的基础上，构建本土化LCA与LCC综合评价量化分析模型。

第5章为基于LCA的粮食作物秸秆资源化利用评价。本章在第4章的基础上，以玉米秸秆为例对我国粮食作物秸秆资源化利用全生命周期过程进行环境影响评价分析。

第6章为基于LCC的粮食作物秸秆资源化利用评价。本章在第4章的基础上，以玉米秸秆为例对我国粮食作物秸秆资源化利用全生命周期过程进行生命周期成本分析评价，量化考量玉米秸秆资源化利用的经济负荷。

第7章为基于LCA与LCC的粮食作物秸秆资源化利用综合评价。本章在第4章、第5章和第6章的研究基础上,以玉米秸秆为例对我国粮食作物秸秆资源化利用进行全生命周期环境与经济的综合评价。

第8章为结论与政策建议。根据实证评价结果,提出促进粮食作物秸秆资源化绿色、高值利用的政策建议。

1.4.2 研究方法

本书主要采用了文献分析法、统计分析法、调查研究法、生命周期法对我国粮食作物秸秆资源化利用的全生命周期环境影响和全生命周期经济影响进行了研究。

(1)文献分析法

结合国内外学者现有的研究成果,把握粮食作物秸秆资源化利用方面的最新研究动态,借鉴已有研究的有益观点与方法,分析本研究可能的创新领域,进一步论证本研究的科研价值。

(2)统计分析法

以粮食作物产量统计数据为基础,计算粮食作物秸秆产出量和焚烧量,并运用因子分析法和聚类分析法对我国粮食作物秸秆露天焚烧污染的区域分异特征进行了统计分析。

(3)调查研究法

通过对粮食作物秸秆资源化利用各种处置方案的生命周期内的物质流、货币流等进行实地调研,收集相关的技术数据、能源消耗数据、污染物排放数据等,为下一步分析做准备。

(4)生命周期法

通过粮食作物秸秆资源化利用系统的各生命周期阶段的投入产出,定量计算生命周期各阶段的环境负荷和经济负荷,包括产生环境影响的关键流程和关键物质以及产生经济影响的关键流程,全过程考察分析环境与经济影响。

1.4.3　技术路线

技术路线如图1-1所示。

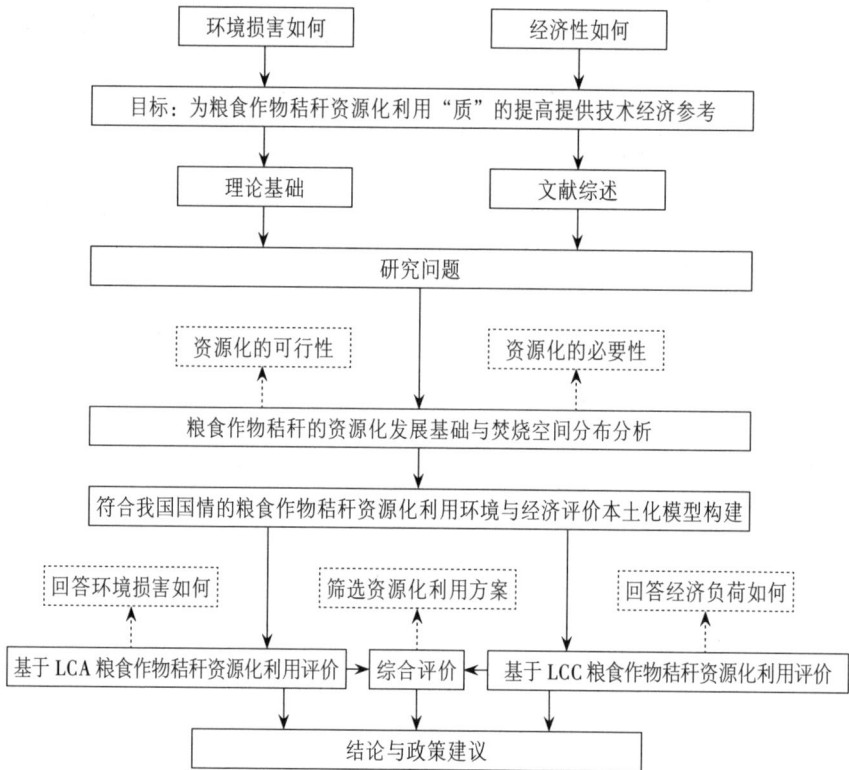

图1-1　技术路线图

1.5　本书的创新之处

本书的创新之处有以下三个方面：

（1）构建了符合我国国情的粮食作物秸秆资源化利用的生命周期环境影响特征化评价方法，弥补了依赖欧、美、日等国家或地区的生命周期环境影响评价模型分析我国秸秆资源化利用的LCA的不足。

（2）构建了粮食作物秸秆资源化利用的本土化环境与经济综合评价模型。该模型不仅减轻或避免了因采用传统的权重法，进行生命周期环

境与经济的综合评价带来的主观因素影响，还提升了综合评价结果对我
国国情的适应性。

（3）基于 NASA 的卫星遥感监测火点数据与生命周期评价方法，
在国家层面上量化了我国秸秆焚烧的环境负荷分析，并提出了产品替
代理念，构建了我国常见的玉米秸秆资源化利用技术的全生命周期过
程中的主要微观变量与环境、经济负荷间的量化关系，进而提出了最
优方案。

第2章 相关概念界定、理论方法与逻辑框架

2.1 相关概念界定

2.1.1 资源化

资源化是指将废弃物作为资源，加以系统化利用的行为或活动。粮食作物秸秆资源化是指将粮食作物秸秆作为资源，加以系统化利用的行为或活动。粮食作物秸秆资源化包括粮食作物秸秆的肥料化、饲料化、能源化、原料化、基料化，即"五料化"。

2.1.2 产品生命周期

产品生命周期是指一种产品从原料开采开始，经过原料加工、产品制造、产品包装、运输和销售，然后由消费者使用、回收和维修，最终再循环或作为废弃处理和处置的整个过程，也被称为产品的全生命周

期，如图2-1所示。

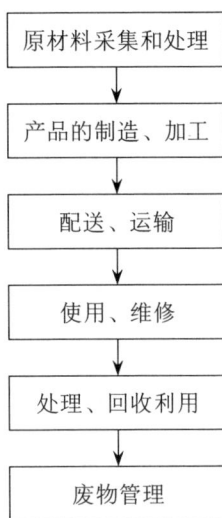

```
┌─────────────────────┐
│  原材料采集和处理      │
└─────────────────────┘
          ↓
┌─────────────────────┐
│  产品的制造、加工      │
└─────────────────────┘
          ↓
┌─────────────────────┐
│    配送、运输         │
└─────────────────────┘
          ↓
┌─────────────────────┐
│    使用、维修         │
└─────────────────────┘
          ↓
┌─────────────────────┐
│  处理、回收利用       │
└─────────────────────┘
          ↓
┌─────────────────────┐
│    废物管理          │
└─────────────────────┘
```

图2-1　产品生命周期阶段

资源消耗和环境污染物的排放在每个阶段都可能发生，因此污染预防和资源控制也应贯穿于产品生命周期的各个阶段。

2.1.3　生命周期环境评价（LCA）

目前，针对生命周期环境评价的定义学术界还没有统一。学者、政府、企业和一些机构站在各自的立场对它都有一番描述。例如，美国环保局的定义：对自最初从地球中获得原材料开始，到最终所有的残留物质回归地球结束的任何一种产品或人类活动所带来的污染物排放及其环境影响进行估测的方法；SETAC的定义：全面地审视与一种工艺或产品"从摇篮到坟墓"的整个生命周期有关的环境后果；美国3M公司的定义：在从制造到加工、处理乃至最终作为残留有害废物处置的全过程中，检查如何减少或消除废物的方法；P&G公司的定义：显示产品制造商对其产品从设计到处置全过程中所造成的环境负荷承担责任的态度，是保证环境确实而不是虚假地得到改善的定量方法。

本书对生命周期环境评价（LCA）的定义采用国际标准化组织（ISO）所给出的定义。根据ISO标准，生命周期环境评价（LCA）是指对一个产品生命周期中的投入、产出及其潜在环境影响的汇编和评价。

评价的主要步骤为目标与范围确定、清单构建、环境影响量化与解释（ISO14040，2006）。该方法通常又被称为"从摇篮到坟墓"的方法，即是一种针对原材料采集、产品生产、运输、销售、使用、维护、回收利用和最终处置的每一个环节的环境影响进行量化与汇总的过程。

生命周期环境评价的思想力图在源头预防和减少环境问题，而不是等问题出现后再去解决。以往企业生产过程、产品设计仅注重产品的生产环节及销售环节，生命周期评价则涵盖产品的生产、销售、消费和回收处理等过程以及在产品的功能、能耗和排污之间寻求合理的平衡。

2.1.4 生命周期成本

生命周期的概念起源比较早，随着社会经济的发展，为了提高资源和经费的使用效率，利用生命周期的概念对产品或者某种事物进行成本分析，逐渐得到了广泛的应用，因此就产生了生命周期成本。

本书将生命周期成本界定为，生命周期成本是指产品从原材料获取到废弃物的回收或最终抛弃的整个生命周期所有私人成本。

目前测算生命周期成本主要是测算私人成本。在资源约束趋紧、环境污染严重的现实情况下，仅考量私人成本不能满足可持续发展的需要。因此本书在考量粮食作物秸秆资源化利用的经济负荷时，不仅要考量其生命周期成本，同时还要考量因生命周期环境影响而产生的环境成本。

另外，在企业的传统成本会计系统中，只对内部（显性）环境成本计量，并且其分配也存在一定的扭曲。因为无论某项内部（显性）环境成本是在哪一个单元环节产生、因谁引起的，企业都将这项内部（显性）环境成本全部统一反映在管理费用中，从而无法准确判断这项内部（显性）环境成本产生的单元环节和原因。而且最为重要的是企业只核算内部（显性）环境成本将无法准确反映产品的经济负荷，使得企业在产品的定价、开发新产品或者淘汰老产品等决策时作出错误的判断。因此，本书在考量粮食作物秸秆资源化利用的经济负荷和生命周期成本的同时，还要考量因生命周期环境影响而产生的环境成本。

2.2　理论方法

2.2.1　外部性理论

经济学家马歇尔于1910年提出了著名的外部性理论。其后，由其学生英国经济学家庇古完善丰富了外部不经济性理论。

外部性的实质是一种成本或效益的外溢现象，是指企业或者个人的活动和行为导致其他企业或个人受到直接影响，但并没有因此而支付对价。

外部性用数学表达式为：

$$F_i = f(X_{i1}, X_{i2}, X_{i3}, \cdots, X_{im}, X_{jn}), \quad i \neq j \tag{2-1}$$

公式2-1中，F_i是生产者i的生产函数，生产者j对生产者i存在外部性。

当存在外部不经济性时，政府应按照外部成本的大小对企业进行征税、罚款，使企业的私人成本达到社会成本的水平，则能抑制产生负外部性的经济活动。当存在外部经济性时，政府应根据外部收益对企业进行补贴或者奖励，使企业的私人收益达到社会收益的水平，则能增加产生正外部性的经济活动。

2.2.2　可持续发展理论

可持续发展是指既满足当代人的需要，又不对后代人满足其需要的能力构成危害的发展（Brundtland，1987）。可持续发展理论思想最早源于美国学者Rachel Carson1962年的著作《寂静的春天》所引发的关于人类发展的争论，是人类对自身进步与自然环境关系反思的产物。可持续发展理论作为指导人类21世纪发展的理论，是一个涉及自然、社会、经济、科技的综合的动态的理论。可持续发展理论将环境问题与社会经济发展问题有机地结合起来，认为在实施可持续发展的过程中必须秉持公平性、持续性、共同性三个原则。

可持续发展理论的主要内容涉及可持续经济、可持续生态和可持续社会三个方面。要求人类不仅在发展中追求经济效益，还要关注生态和谐，并力求社会公平，进而达到人类社会的全面发展。

（1）在经济可持续发展方面

经济发展作为国家实力和社会财富的基石，可持续发展不仅重视鼓励经济增长，而且更加追求经济发展的质量。可持续发展要求改变以往传统的"粗放式"为特征的经济增长模式，贯彻实施清洁生产和清洁消费，以提高经济活动中的总体效益。

（2）在生态可持续发展方面

可持续发展理论认为环境保护与经济社会发展不是矛盾的对立面，是可以相互协调的。通过转变发展模式，从源头上根本地解决环境问题。可持续发展强调经济社会发展是有限制的，追求以可持续的方式使用资源，认为没有限制就不可能有持续的发展。

（3）在社会可持续发展方面

可持续发展理论认为经济可持续是发展的基础，生态可持续是发展的前提条件，社会可持续是发展的目的。认为社会公平是经济、环境、社会发展得以实现的机制和目标。

2.2.3　生命周期环境评价（LCA）方法

LCA起源于20世纪60年代后期，所关注的问题主要集中于能源效率、原材料的消耗和废弃物处理等领域。第一个较为完整的研究为可口可乐公司于1969年进行的利用玻璃容器代替塑料容器的可行性研究。与此同时，英国学者伊恩·鲍斯特德提出了清单研究理论，并于1979年出版了《工业能量分析手册》一书。在生命周期评价开展初期，众多学者多局限于能源与废物的清单研究，并未将清单与环境影响进行关联研究。随着20世纪石油危机平息之后，关于能源的议题显著减少，生命周期评价发展进入停滞阶段。

然而，随着因大量生产、消费而引发的环境与能源问题的日益加剧，生命周期评价理论重新受到关注，从20世纪80年代末期开始进入了快速成长阶段。清单与环境影响的关联研究（例如，Eco-indicator 95/99），生命周期评价组织（例如，Asian workshops 和 SETAC Working groups)，评估标准（ISO 14044）等陆续被发起或发行。于2002年，由联合国环境规划署（UNEP：United Nations Environmental Programme）和美国环境毒理与化学学会（SETAC：Society of Environmental Toxicology and Chemistry）联合创建了生命周期倡议组织，SETAC-UNEP Life Cycle Initiative group），得到全世界大多数国家的响应，并相应地发布了一些政策与法规用于产业的可持续发展。同年，在联合国可持续发展世界高峰大会的行动计划中明确指出"LCA可为环境管理（即政策制定和执行）提供科学的方法"。于2003年和2009年发行的欧洲集成产品政策（EUIPP，Integrated Product Policy）中指出，LCA是当前评价产品环境影响的最佳方法。2013年，欧盟的环保法令（Building the single market for green products）规范了产品环境足迹评价方法（Product Environmental Footprint，PEF），指出LCA是评价未来绿色产品的唯一方法。并明确指出采用其他国家LCA数据库分析本国产品以及过去普遍采用的用材料成分乘以排放系数进行产品环境影响评价的做法，不符合产品环境足迹评价方法中的数据质量要求。

2.2.3.1 生命周期环境评价的技术框架

生命周期环境评价的技术框架可以分为研究目的与调查范围的确定、生命周期清单分析、生命周期环境影响评价、生命周期解释四个部分，如图2-2所示。

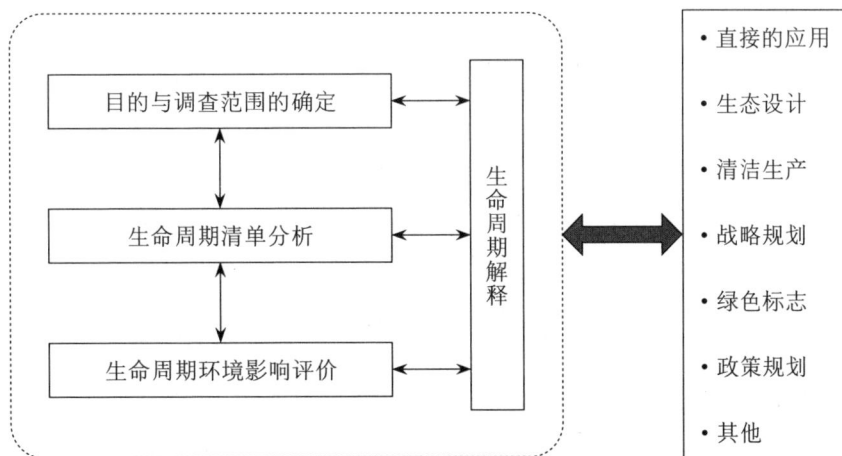

图2-2　生命周期环境评价技术框架图

（1）目的与范围的确定

目的与范围的确定是生命周期环境评价的第一阶段。生命周期环境评价与其他研究一样首先是要明确定义和研究目的，也就是要明确生命周期环境评价需要回答的问题。其次是要确定生命周期环境评价的研究范围，也就是需要阐述如何实施该研究以及如何构建该产品系统的模型。鉴于生命周期环境评价研究的反复迭代特性，可能需要不断完善其研究范围。具体地说，在目的与范围的确定环节应该涵盖如下内容：

首先是功能单位。功能单位是生命周期环境评价范围内所有输入和输出的一个统一的计量基准，同时它也是系统中其他模拟流的基准流。在生命周期环境评价中功能单位的定义应该遵循明确、可测量，而且要与输入输出数据相关三原则。该步骤将决定在进行生命周期环境评价中如何组织相关数据和展示结果。科学地选择功能单位不仅可以提高计算精度，也可以提高结果的可信度。为了使生命周期环境评价范围内的输入和输出具有可比性，需要与指定的功能单位关联起来。

其次是系统边界。界定系统边界，即界定要纳入所需研究产品系统模型的单元过程，是生命周期环境评价第一阶段最重要的内容之一。在界定产品系统模型的系统边界时，如下几点必须给予确定和限定。

第一，自然边界。确定系统边界的自然边界是指界定哪些环节或阶段属于产品系统，也就是界定技术体系与自然体系之间的边界。"摇篮"也就是指起点，是指每个零部件的原材料获取；"坟墓"也就是终点，是指产品生命周期结束的报废处理。

第二，地域边界。界定系统边界的地域边界主要要考虑三个问题：一是要考虑构成产品的不同零部件都来自于何地；二是要考虑产品生命周期的组成部分，有可能因地域而异；三是要考虑不同地域环境的敏感性物质有可能不同。

第三，时间范围。界定系统边界的时间边界主要受其研究目的以及类型影响。一般而言，基于变化型的LCA是属于回顾性的，而会计型的LCA是属于前瞻性的。

（2）生命周期清单分析

生命周期清单分析是生命周期环境评价的第二阶段，是进行数据收集与分析的阶段。该阶段对所研究产品系统生命周期的相关输入、输出数据进行搜集、整理、汇编和量化，也就是对所研产品系统生命周期的资源、能源的投入（输入）和废水、废气、废渣（输出）的排放进行定量分析的过程。在生命周期清单分析环节，要进行如下三项活动：

- 建立基于生命周期环境评价系统边界的产品系统模型；
- 搜集系统边界范围内所有输入、输出的相关数据；
- 生命周期环境影响数据应按照功能单位计量表示。

（3）生命周期环境影响评价

生命周期环境影响评价是生命周期环境评价的第三阶段，是在生命周期清单分析的基础上，通过对生命周期清单数据分析得到的环境负荷分类归纳为不同类型的环境影响（如人群健康、酸性化等），以便于从环境视角审视生命周期内的产品系统，同时为最后一个阶段的生命周期结果解释提供相应的信息。生命周期环境影响评价主要包括如下几个步骤：

- 对生命周期清单分析过程中列出的环境负荷进行分类；
- 对所列不同类型的环境影响进行定性和定量分析；
- 识别出系统单元环节中的重大环境影响因素；
- 对识别出的环境影响因素进行分析和判断。

（4）生命周期解释

生命周期解释是生命周期环境评价的第四阶段，是根据已定的生命周期环境评价的目的和系统边界对生命周期清单分析和生命周期环境影响评价的结果进行综合讨论的阶段，需要与已定的目的与系统边界保持一致，以形成结论和提出建议，并对该研究的局限性作出解释。即该阶段是根据研究目的，展现从该项研究中可以获得什么，以及谁会对该项研究感兴趣。

2.2.3.2　生命周期环境影响评价方法

（1）基于过程的生命周期评价法（过程分析法）

基于过程的生命周期评价法是一种自下而上的方法。理论上，这种方法要求考虑产品生命周期的所有单元环节，即从最初的自然资源获取一直到产品最终废弃回归自然界的所有过程。尽管这种评价方法理论上可以完成特定的分析，但是不可否认的是，由于需要庞大的数据支撑，如果不借助于生命周期数据库，通常会耗费大量的时间及成本。例如，粮食作物秸秆发电厂完成发电需要大量的工业设备，这些工业设备生产加工需要各种工业材料如钢材、合金铝、聚乙烯等，而加工成这些工业材料的原材料又是来自于自然界的矿石、石油等自然资源，同时矿石、石油到加工厂之间的运输又需要运输工具并耗费汽油、柴油。以此类推，可见基于过程的生命周期评价法非常繁琐复杂，但其精确性较高。

（2）基于投入产出的生命周期评价法（投入产出分析法）

基于投入产出的生命周期评价法是一种截面的方法。由于研究者在实际的经济系统-自然系统分析中，可能只关心对其有直接影响的生命周期清单（LCI）数据，所以会截取整个系统中的部分单元过程进行分析，所以用基于过程的生命周期评价法是无法适用其要求的。因此，基于投入产出的生命周期评价法就被应用到生命周期清单（LCI）中，基于投入产出的生命周期评价法不仅系统边界比基于过程的生命周期评价法更加清晰，而且其数据的完整性也较好。但是基于投入产出的生命周期评价法也有很多局限性，如数据会随空间变化而改变的特性导致投入产出分析方法的数据具有很大的时效性。

（3）基于过程和投入产出的生命周期评价法（混合分析法）

基于过程的生命周期评价法在过程数据方面相对较全面、较精确和较新，而基于投入产出的生命周期评价法在系统边界范围上又比较清晰，能够为常规的过程提供较为合理的信息。基于过程和投入产出的生命周期评价法是鉴于以上两种方法的利弊，整合两者优点的一种生命周期环境评价方法。

上述的三种评价方法，不能简单地判断哪一个方法更好，需要根据实际研究的目的、范围等选择合适的评价方法。

2.2.4　生命周期成本分析方法

LCC起源于20世纪50年代的美国国防部关于设备维修费的调查。

调查发现五年间的设备维修费用是设备购置费的 10 倍以上，并在之后的关于武器系统的全方位调查中发现运营、维护等成本占武器系统生命周期总成本的 75%。1966 年美国国防部正式提出研究使用生命周期成本评价法，并于 1970 年发布了《设备的生命周期成本》一文。之后，生命周期成本评价法逐渐受到世界各国相关研究单位和学者的关注。经过 GordonA（1974）、美国建筑师协会（1977）、日比宗平（1984）、美国国家标准和技术研究院（1995）、Kang B S et al.（1998）、Tamer E et al.（2006）、Valerdi（2007）、姜少飞（2007）等国内外的相关研究单位和学者的研究，完善了生命周期成本的概念、思想、研究方向、分析方法，为生命周期成本的发展作出了卓越的贡献。

（1）生命周期成本的分类

随着生命周期成本分析方法的不断完善，其在成本管理中的作用也越来越显著。生命周期成本分析法可以满足企业在新产品开发决策、设计决策、战略成本管理等方面的需要。从企业的角度可以将生命周期成本进行如下分类，见表 2-1。

表2-1　　　　　　　　　　生命周期成本分类

生命周期阶段	类型	成本构成明细
设计阶段	设计成本	调查费用
		设计费用
生产运行阶段	生产成本	材料费用
		能源费用
		直接工资
		维护费用
		其他支出
	期间费用	管理费用
		财务费用
营销阶段		销售费用
报废阶段	处置成本	回收利用
		报废

（2）生命周期成本分析方法

生命周期成本分析方法主要有参数法、类推法、详细法三种方法。

①基于参数法的生命周期成本分析方法。

基于参数法的生命周期成本分析方法是一种"自上而下"的方法。该方法通过系统的历史成本数据确定变量，并据此预测新系统的成本。不仅可以预测系统的整体成本，也可以预测零部件的成本。例如，预测制造成本，可以基于历史成本和新的技术信息的回归分析获得。但其缺点也正在于此，对采用新技术的成本估计偏差较大。

②基于类推法的生命周期成本分析方法。

基于类推法的生命周期成本分析方法是基于相似产品或零部件的成本与目标产品或零部件的不同来推断其成本。该方法的有效性非常依赖专家的经验，主观性较强。

③基于详细法的生命周期成本分析方法。

基于详细法的生命周期成本分析方法是一种"自下而上"的方法。该方法基于生产时间、原材料、能源以及其他相关费用估计产品的成本。该方法可以获得较精确的成本估计，但需要从设计到处置各阶段的详细数据。

上述的三种生命周期成本分析方法，不能简单地判断哪一个方法最好，需要根据实际研究的目的选择合适的分析方法。

2.3 本书的逻辑框架

根据上述外部性理论、可持续发展理论、生命周期环境评价方法、生命周期成本分析方法等相关理论方法，并借鉴其他学者对秸秆资源化利用的相关研究，本书认为，从环境和经济两个维度考量粮食作物秸秆资源化利用的各种处置方案，符合可持续发展的内在要求。基于此，本书构建了逻辑分析框架，为后文的分析奠定基础。本书的逻辑框架如图2-3所示。

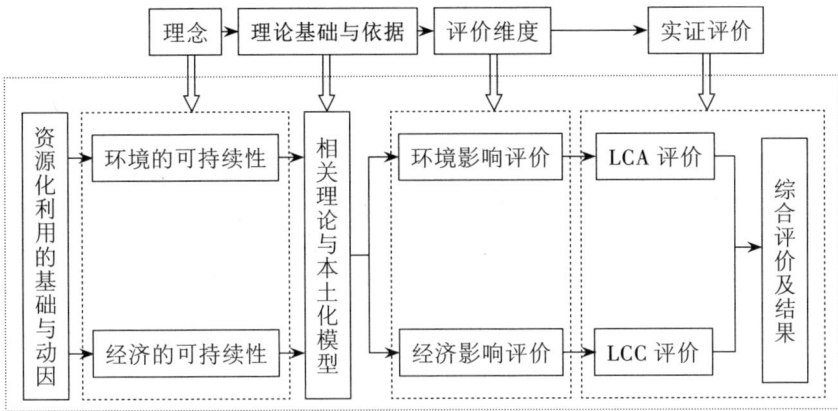

图 2-3　本书的逻辑框架

2.4　本章小结

　　本章对资源化和生命周期的相关概念进行了界定,包括资源化、产品生命周期、生命周期环境评价、生命周期成本。同时,对生命周期环境评价理论、生命周期成本分析理论、外部性理论进行了简单介绍,并在最后构建了本书的逻辑分析框架。它们是本书针对粮食作物秸秆资源化利用全过程环境影响评价和经济影响评价,以及集成评价研究的理论基础。通过环境和经济两个维度考量粮食作物秸秆资源化利用的各种处置方案,比较筛选出环境友好、经济可行的处置方案,有利于促进粮食作物秸秆资源化利用的可持续发展。

第3章 粮食作物秸秆的资源化发展基础及焚烧污染空间分布分析

中国作为粮食大国，每年所产粮食作物秸秆数量庞大，且粮食作物秸秆露天焚烧现象非常普遍。粮食作物秸秆露天焚烧不仅造成大面积雾霾，还产生危害人们健康的大量有毒有害物质（如多环芳烃、一氧化碳、二氧化碳、二氧化硫、颗粒物等）。因此，粮食作物秸秆的露天焚烧业已成为农村生态环境保护、农业经济可持续发展的阻碍因素之一。

本章将通过对粮食作物秸秆资源化利用的发展基础、粮食作物秸秆露天焚烧环境污染空间分布特征两个层面的分析研究，从总体上把握中国粮食作物秸秆的资源化利用的资源基础、技术基础、露天焚烧现状以及焚烧污染的特点和规律，这将有助于科学制定粮食作物秸秆资源化利用的生命周期清单以及政府的相关政策。

3.1　数据来源及研究方法介绍

3.1.1　数据来源

本书的数据来源有以下两个方面：

（1）本书宏观经济数据源于2006—2015年《中国统计年鉴》、各省（自治区、直辖市）的秸秆焚烧火点数据源于美国国家航空与航天局（National Aeronautics and Space Administration：NASA）采用中分辨率成像光谱仪（Moderate Resolution Imaging Spectroradiometer：MODIS）观测到的我国热异常数据与国家统计局农用地数据、原环境保护部环境监察局秸秆焚烧卫星遥感监测火点数据处理而得。特别注明，因无法获得中国港澳台地区的相关数据，故本书中涉及的各省（自治区、直辖市）的相关数据中仅包含中国大陆（内地）的数据，不包含港澳台地区的相关数据。

（2）本书微观经济数据以及环境数据源于文献调研。主要包括中国及其各省（自治区、直辖市）环境科学院环评报告和学者已发表的期刊论文。

3.1.2　研究方法

3.1.2.1　粮食作物秸秆资源量的估算方法

本书将通过粮食作物产量估算粮食作物秸秆资源量。在估算过程中通过不同粮食作物的草谷比对粮食作物秸秆资源量进行测度。草谷比是估算粮食作物秸秆资源量的重要参数。我国粮食作物种植地域分布广，因全国各地的气候、耕作环境、种植品种与技术的不同，所以不同地区的同种粮食作物之间的草谷比具有一定的差异。目前，在有关全国秸秆资源量估算的文献中一般都采用草谷比的全国均值，这样不利于准确估算不同地区的粮食作物秸秆资源量。不同文献中的草谷比数值存在差异，而且有的数据相差悬殊，例如，中国农村能源行业协会所给定的水稻草谷比为0.623，与钟华平（2003）所给定的水稻草谷比1.1相差47.7

个百分点。为了准确估算粮食作物秸秆资源量，本书采用谢光辉（2011）基于文献信息统计方法对我国不同地区粮食作物草谷比的研究成果，并在此基础上针对草谷比数据不全的部分地区以草谷比全国均值替代进行估算。粮食作物秸秆资源量测度公式为：

$$G_s = G_P \times S_G \qquad\qquad (3-1)$$

式 3-1 中，G_s 为粮食作物秸秆资源量、G_P 为粮食作物产量、S_G 为草谷比。我国各省（自治区、直辖市）的主要粮食作物草谷比，见表 3-1。这里需要着重指出，因数据缺失，本研究未分析中国香港、台湾和澳门地区的粮食作物秸秆产量状况。

表3-1 我国各地区主要粮食作物草谷比

地区	水稻草谷比	小麦草谷比	玉米草谷比
北京	1.00*	1.17*	1.33
天津	1.56	1.17*	1.04*
河北	1.00	1.17	1.15
山西	1.00	1.33	1.22
内蒙古	1.00	1.17*	1.04*
辽宁	1.00	1.17*	0.92
吉林	0.96	1.17*	0.89
黑龙江	0.96	1.00	1.04*
上海	1.00*	1.17*	1.04*
江苏	1.04	1.38	1.04*
浙江	0.96	1.17*	1.04*
安徽	1.08	1.08	1.04*
福建	0.85	1.17*	1.04*
江西	1.00	1.17*	1.04*
山东	1.00*	1.33	0.96
河南	1.00*	1.08	0.96

地区	水稻草谷比	小麦草谷比	玉米草谷比
湖北	1.17	1.17*	1.04*
湖南	0.94	1.17*	1.11
广东	1.22	1.17*	1.04*
广西	1.00*	1.17*	1.04*
海南	1.00*	1.17*	—
重庆	0.72	1.17*	1.04*
四川	0.92	1.17	1.04*
贵州	1.00*	1.17*	0.92
云南	1.33	1.17*	1.04*
西藏	1.00*	1.17*	1.04*
陕西	1.00*	1.27	1.38
甘肃	1.00*	1.17	1.22
青海	—	1.17*	1.04*
宁夏	1.04	1.17*	1.04*
新疆	1.00*	1.33	1.13
全国平均	1.00	1.17	1.04

注：标*数据为全国平均值。

3.1.2.2 粮食作物秸秆焚烧量的估算方法

本书将通过粮食作物秸秆资源量估算粮食作物秸秆焚烧量。在估算过程中首先通过不同粮食作物的草谷比对粮食作物秸秆资源量进行测度，然后根据粮食作物秸秆焚烧系数折算出粮食作物秸秆焚烧量。本书在利用原环境保护部环境监察局所公布的秸秆焚烧卫星遥感监测火点数据对基于NASA的MODIS数据估算出的粮食作物秸秆火点焚烧数据进行验证的基础上，借鉴何立明（2007）关于火点与粮食作物秸秆焚烧面积的研究成果，经过数据整理与计算得出粮食作物秸秆焚烧系数，见表

3-2。粮食作物秸秆焚烧量测度公式为：

$$G_{SB}=G_P \times S_G \times S_B \tag{3-2}$$

式3-2中，G_{SB}为粮食作物秸秆焚烧量、G_P为粮食作物产量、S_G为草谷比、S_B为粮食作物秸秆焚烧系数。

表3-2　　　　　　2014年度粮食作物秸秆焚烧系数

地区	秸秆焚烧火点强度 （个/平方公里耕地面积）	焚烧系数
北京	3.02E-3	4.65E-2
天津	1.18E-3	1.81E-2
河北	1.47E-3	2.26E-2
山西	1.70E-3	2.62E-2
内蒙古	3.46E-3	5.33E-2
辽宁	1.5E-2	0.18
吉林	9.88E-3	0.15
黑龙江	6.65E-3	0.10
上海	0	0
江苏	0	0
浙江	2.00E-4	3.08E-3
安徽	6.51E-4	0.10
福建	2.60E-4	4.00E-3
江西	6.40E-4	9.86E-3
山东	2.83E3	4.36E-2
河南	9.84E-3	0.15
湖北	1.56E-3	2.40E-2
湖南	1.70E-4	2.62E-3

地区	秸秆焚烧火点强度 （个/平方公里耕地面积）	焚烧系数
广东	1.40E-4	2.16E-3
广西	4.70E-4	7.24E-3
海南	2.40E-4	3.70E-3
重庆	2.40E-4	3.70E-3
四川	4.20E-4	6.47E-3
贵州	1.00E-4	1.54E-3
云南	0	0
西藏	0	0
陕西	3.90E-4	6.01E-3
甘肃	4.80E-4	7.39E-3
青海	1.80E-4	2.77E-3
宁夏	3.50E-3	5.39E-2
新疆	1.58E-3	2.43E-2

3.1.2.3 粮食作物秸秆露天焚烧污染物排放量的估算方法

本书将通过粮食作物秸秆焚烧量估算粮食作物秸秆焚烧污染物排放量。在估算过程中通过不同粮食作物秸秆焚烧效率以及粮食作物秸秆焚烧污染物排放因子对粮食作物秸秆露天污染排放量进行测度，见表3-3。稻谷、小麦和玉米秸秆焚烧效率分别为0.925、0.917、和0.917（zhang，2008）。粮食作物秸秆焚烧污染物排放因子引自文献（曹国良，2007；zhang H，2011）。粮食作物秸秆露天焚烧污染物排放量的测度公式为：

$$Q_{ri} = C_{ri} \times E_i \times F_i \tag{3-3}$$

式3-3中，Q：秸秆焚烧排放的大气污染物量；C：秸秆焚烧量；

E：污染物排放因子；F：焚烧效率；i：秸秆种类；r：地区。

表3-3　　　　　　　**秸秆露天焚烧的污染物排放因子**

污染物	单位	稻谷	小麦	玉米
一氧化碳	g/kg	72.4	65.5	70.2
二氧化碳	g/kg	1 757.6	1 483.6	2 200.2
甲烷	g/kg	0.72	1.82	1.75
氮氧化物	g/kg	3.52	2.59	3.36
二氧化硫	g/kg	0.15	0.05	0.03
颗粒物	g/kg	6.0	9.64	5.26
萘	mg/kg	1.88	0.41	0.28
苊烯	mg/kg	0.67	0.20	—
苊	mg/kg	0.08	0.03	0.19
芴	mg/kg	0.06	0.04	0.02
蒽	mg/kg	0.40	0.06	—
菲	mg/kg	0.11	0.01	0.01
荧蒽	mg/kg	0.09	0.01	0.02
芘	mg/kg	0.07	0.01	0.01
苯蒽	mg/kg	0.02	0.01	0.01
䓛	mg/kg	0.08	0.02	0.02
苯并（a）芘	mg/kg	0.04	—	—
苯并（b）荧蒽	mg/kg	—	—	—
苯并（k）荧蒽	mg/kg	0.03	0.01	0.01
苯并（g，h，i）芘	mg/kg	0.04	—	0.03
茚并（1，2，3-cd）芘	mg/kg	—	—	0.05
二苯并（a，h）蒽	mg/kg	0.05	—	—

3.2　粮食作物秸秆资源化的发展基础

3.2.1　粮食作物秸秆资源化的资源基础

3.2.1.1　我国粮食作物产量经时变化

随着我国农业现代化的不断推进与发展，传统的粮食生产方式正逐渐被现代化的生产方式所替代，国家统计局统计资料显示，我国2005—2014 年期间，粮食产量稳步提高；粮食产量由 2005 年的48 402.19 万吨，增加到 2014 年的 60 702.61 万吨，粮食年均复合增长率为 2.55%，如图 3-1 所示。

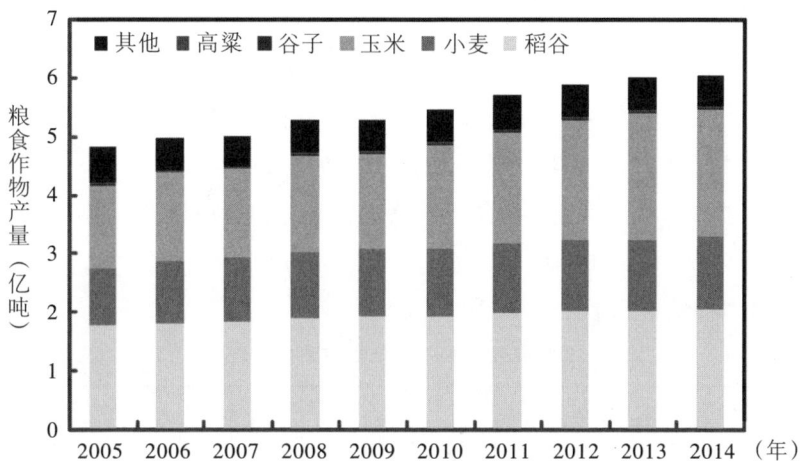

图 3-1　2005—2014 年我国粮食作物产量经时变化图

随着我国粮食产量的稳步提高，粮食作物秸秆生成量也在稳步增长。近几年我国的稻谷、小麦、玉米的产量占粮食总产量的 90% 以上，与之相比高粱、谷子与其他农作物产量相对较低，因而本研究仅针对我国稻谷、小麦、玉米的秸秆产量与分布状况进行了进一步分析。利用公式 3-1 测算的结果显示，我国三大主要粮食作物秸秆的生成量已由 2005年的 4.48 亿吨增长至 2014 年的 5.78 亿吨，其中稻谷秸秆生成量由 1.80亿吨增长至 2.06 亿吨、小麦秸秆生成量从 0.97 亿吨增长至 1.26 亿吨、玉米秸秆生成量从1.39亿吨增长至3.16亿吨，玉米、稻谷、小麦为主的秸秆产量的年增长率分别为9.6%、1.5%和1.7%，三大主要粮食作物秸秆的总产量的年增长率为2.9%，如图3-2所示。

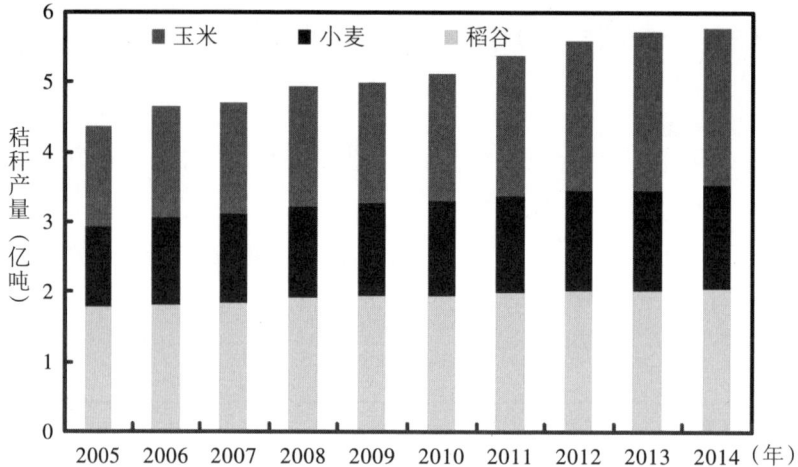

图3-2　2005—2014年我国三大主要粮食作物秸秆产量经时变化图

3.2.1.2　我国主要粮食作物秸秆产量的空间分布

根据2014年的各省（自治区、直辖市）的粮食产量，利用公式3-1测算出其主要粮食作物秸秆产量。

（1）稻秸秆产量的空间分布（表3-4）

表3-4　　　　　　　　2014年我国稻秸秆产量空间分布表

地区	稻谷产量（万吨）	草谷比	稻秸秆产量（万吨）
北京	0.13	1	0.13
天津	12.14	1.56	18.94
河北	54.15	1	54.15
山西	0.62	1	0.62
内蒙古	52.36	1	52.36
辽宁	451.5	1	451.50
吉林	587.62	0.96	564.11

续表

地区	稻谷产量（万吨）	草谷比	稻秸秆产量（万吨）
黑龙江	2 251.05	0.96	2 161.01
上海	84.1	1	84.10
江苏	1 912	1.04	1 988.48
浙江	590.11	0.96	566.50
安徽	1 394.55	1.08	1 506.11
福建	497.06	0.85	422.50
江西	2 025.15	1	2 025.15
山东	101.01	1	101.01
河南	528.6	1	528.60
湖北	1 729.47	1.17	2 023.47
湖南	2 634	0.94	2 475.96
广东	1 091.64	1.22	1 331.80
广西	1 166.12	1	1 166.12
河南	155.45	1	155.45
重庆	503.19	0.72	362.29
四川	1 526.5	0.92	1 404.38
贵州	403.24	1	403.24
云南	666.1	1.33	885.91
西藏	0.47	1	0.47
陕西	90.87	1	90.87
甘肃	3.54	1	3.54
青海	0	0	0
宁夏	61.84	1.04	64.31
新疆	76.17	1	76.17

从稻秸秆产量空间分布表可以看出，黑龙江、湖南、湖北、江西是我国的主要稻秸秆产地，四川、广东、广西、江苏、安徽次之，青海无稻秸秆产出。在全国31个省（自治区、直辖市）中，安徽、江西、湖北、湖南的稻秸秆密度高于100吨/平方千米，全部集中于中部地区，其土地面积之和占全国土地面积总和的7.08%，累计稻秸秆产量占全国稻秸秆总产量的38.30%，平均稻秸秆资源密度为118.19吨/平方千米，比全国平均水平高1.65倍。

（2）小麦秸秆产量的空间分布

从小麦秸秆产量空间分布表可以看出，山东、河南是我国的主要小麦秸秆产地，新疆、甘肃、四川、陕西、山西、河北、湖北、安徽、江苏次之，海南无小麦秸秆产出。在全国31个省（自治区、直辖市）中，山东与河南的小麦秸秆密度高于200吨/平方千米，其土地面积之和占全国土地面积总和的3.29%，累计小麦秸秆产量占全国小麦秸秆总产量43.68%，平均小麦秸秆资源密度为212.72吨/平方千米，比全国平均水平高5.43倍，见表3-5。

表3-5 **2014年我国小麦秸秆产量空间分布表**

地区	小麦产量（万吨）	草谷比	小麦秆产量（万吨）
北京	12.21	1.17	14.28
天津	58.62	1.17	68.58
河北	1 429.9	1.17	1 672.98
山西	259.11	1.33	344.61
内蒙古	153.9	1.17	180.06
辽宁	2.8	1.17	3.27
吉林	0.14	1.17	0.16
黑龙江	46.6	1	46.60
上海	18.64	1.17	21.80
江苏	1 160.4	1.38	1 601.35

地区	小麦产量（万吨）	草谷比	小麦秆产量（万吨）
浙江	30.95	1.17	36.21
安徽	1 393.55	1.08	1 505.03
福建	0.68	1.17	0.79
江西	2.56	1.17	2.99
山东	2 263.84	1.33	3 010.90
河南	3 329	1.08	3 595.32
湖北	421.6	1.17	493.27
湖南	10.33	1.17	12.08
广东	0.3	1.17	0.351
广西	0.2	1.17	0.23
海南	0	1.17	0
重庆	26.96	1.17	31.54
四川	423.2	1.17	495.14
贵州	61.5	1.17	71.955
云南	83.6	1.17	97.812
西藏	23.73	1.17	27.76
陕西	417.24	1.27	529.89
甘肃	271.6	1.17	317.77
青海	34.86	1.17	40.78
宁夏	40.55	1.17	47.44
新疆	642.27	1.33	854.21

（3）玉米秸秆产量的空间分布

从玉米秸秆产量空间分布表可以看出，黑龙江、吉林、内蒙古是我国的主要玉米秸秆产地，辽宁、河北、山西、河南、山东次之，海南无玉米秸秆产出。在全国31个省（自治区、直辖市）中，河北、山东、吉林与河南的玉米秸秆密度高于100吨/平方千米，其土地面积之和占全国土地面积总和的7.08%，累计玉米秸秆产量占全国玉米秸秆总产量的35.60%，平均玉米秸秆资源密度为116.86吨/平方千米，比全国平均水平高2.16倍，见表3-6。

表3-6　　　　　　　2014年我国玉米秸秆产量空间分布表

地区	玉米产量（万吨）	草谷比	玉米秆产量（万吨）
北京	50.04	1.33	66.55
天津	101.4	1.04	105.45
河北	1 670.7	1.15	1 921.30
山西	938.11	1.22	1 144.49
内蒙古	2 186.07	1.04	2 273.51
辽宁	1 170.50	0.92	1 076.86
吉林	2 733.50	0.89	2 432.81
黑龙江	3 343.42	1.04	3 477.15
上海	2.62	1.04	2.7248
江苏	238.97	1.04	248.52
浙江	30.09	1.04	31.29
安徽	465.50	1.04	484.12
福建	20.33	1.04	21.14
江西	12.25	1.04	12.74
山东	1 988.34	0.96	1 908.80
河南	1 732.05	0.96	1 662.76
湖北	293.65	1.04	305.39
湖南	188.60	1.11	209.34

地区	玉米产量（万吨）	草谷比	玉米秆产量（万吨）
广东	76.86	1.04	79.93
广西	266.40	1.04	277.05
海南	0	0	0
重庆	255.97	1.04	266.20
四川	751.90	1.04	781.97
贵州	313.81	0.92	288.70
云南	743.30	1.04	773.03
西藏	2.39	1.04	2.48
陕西	539.57	1.38	744.60
甘肃	564.48	1.22	688.66
青海	18.65	1.04	19.39
宁夏	224.08	1.04	233.04
新疆	641.09	1.13	724.43

（4）主要粮食作物秸秆合计产量的空间分布

从粮食作物秸秆产量空间分布表可以看出，在2014年黑龙江、山东、河南是我国的主要粮食作物秸秆产地，吉林、河北、内蒙古、四川、江苏、湖南、湖北、江西、安徽次之，西藏、青海粮食作物秸秆产量较低。在全国31个省（自治区、直辖市）中，江苏与山东的秸秆资源密度高于300吨/平方千米，安徽的秸秆资源密度高于200吨/平方千米，天津、河北、辽宁、吉林、黑龙江、江西、湖北、湖南、上海的秸秆资源密度高于100吨/平方千米，上述各省（自治区、直辖市）的土地面积之和占全国土地面积总和的21.74%，累计秸秆产量占全国秸秆总产量的68.31%，平均秸秆资源密度为195.6吨/平方千米，是全国平均水平的1.82倍，见表3-7。

表3-7   2014年我国三大主要粮食作物秸秆合计产量空间分布表

地区	秸秆产量合计（万吨）
北京	80.96
天津	192.97
河北	3 648.43
山西	1 489.73
内蒙古	2 505.93
辽宁	1 531.63
吉林	2 997.09
黑龙江	5 684.76
上海	108.63
江苏	3 838.36
浙江	634.01
安徽	3 495.26
福建	444.43
江西	2 040.88
山东	5 020.72
河南	5 786.68
湖北	2 822.14
湖南	2 697.39
广东	1 412.08
广西	1 443.41
海南	155.45
重庆	660.04
四川	2 681.50
贵州	763.90

续表

地区	秸秆产量合计（万吨）
云南	1 756.75
西藏	30.71
陕西	1 365.37
甘肃	1 009.97
青海	60.18
宁夏	344.80
新疆	1 654.82

3.2.2 粮食作物秸秆资源化的技术基础

根据国家发展和改革委员会与原农业部2016年11月24日颁布的发改办环资2504号文件《关于印发编制"十三五"秸秆综合利用实施方案的指导意见》以及国家发展和改革委员会同原农业部编制的《秸秆综合利用技术目录（2014）》而知，目前我国粮食作物秸秆资源化利用技术主要分为秸秆肥料化、秸秆饲料化、秸秆能源化、秸秆原料化、秸秆基料化五个类别。随着我国大力推进秸秆资源化，我国秸秆资源化利用率明显提高，已经从2010年的70.6%提升到2015年的80.1%。从"五料化"利用途径看，秸秆肥料化、秸秆饲料化、秸秆能源化是我国粮食作物秸秆资源化的主要途径，见表3-8。

表3-8　　　　　　　秸秆资源化利用率分解表

秸秆资源化分类	2010年利用率（%）	2015年资源利用率（%）
秸秆肥料化	31.9	43.2
秸秆饲料化	15.6	18.8
秸秆能源化	17.8	11.4
秸秆原料化	2.6	2.7
秸秆基料化	2.6	4.0

数据来源：国家发改委《关于印发编制"十三五"秸秆综合利用实施方案的指导意见》和《"十二五"农作物秸秆综合利用实施方案》。

本书根据当前我国的粮食作物秸秆资源化利用的主要途径以及利用的主要技术，下面着重介绍秸秆机械化旋耕方式直接还田技术、秸秆堆肥（堆沤）还田技术、秸秆压块（颗粒）饲料加工技术、秸秆制沼气规模化生产技术、秸秆制纤维素乙醇生产技术、秸秆直燃发电技术六种技术。

（1）秸秆机械化旋耕方式直接还田技术

粮食作物秸秆机械化旋耕方式直接还田技术是指将籽粒收获后废弃的粮食作物秸秆，通过粉碎、抛撒、旋耕等过程返还土壤、改土培肥的生物工程技术，其工艺流程如图3-3所示。

秸秆还田机粉碎 → 抛撒 → 施肥 → 旋耕 → 待播

图3-3　秸秆机械化旋耕方式直接还田工艺流程

粮食作物秸秆机械化旋耕方式直接还田技术作为我国粮食作物秸秆肥料化利用的主要应用技术之一，该技术能够将粮食作物秸秆内所含有的大量有机物、氮磷钾返还土壤，促进土壤平衡，改善土壤肥力。适用于该技术的粮食作物秸秆主要有玉米秸、麦秸、稻秆等。

目前，在美国、日本、英国等发达国家，秸秆机械化直接还田是秸秆资源化利用的主要方式。各国的秸秆机械化直接还田量与秸秆总量占比，美国占68%、英国占73%、日本占65%左右（王红彦，2016）。在中国，虽然秸秆机械化直接还田是我国秸秆资源化利用的主要方式，但其在秸秆资源化利用总量中所占比重较低，仍然存在较大的提升空间。

（2）秸秆堆肥（堆沤）还田技术

粮食作物秸秆堆肥（堆沤）还田技术作为我国粮食主产区粮食作物秸秆肥料化利用的重要应用技术之一，是指将粮食作物秸秆粉碎后与人畜粪尿等混合堆沤腐熟生物工程技术，其工艺流程如图3-4所示。

秸秆收集 → 秸秆粉碎 → 与粪尿混合（催腐剂）、翻倒 → 待播

图3-4　秸秆堆肥（堆沤）还田工艺流程

该技术可以产生大量提高土壤养分含量的重要活性物质——腐殖质，以及易于农作物吸收的有效态氮、磷、钾等。适用于该技术的粮食作物秸秆主要有除重金属超标的所有粮食作物秸秆。

目前，粮食作物秸秆堆肥（堆沤）还田技术已经相对比较完善。尤其是近年来，催腐剂在粮食作物秸秆堆肥（堆沤）中的应用，显著地提高了堆肥（堆沤）的效率，使得该技术在我国农村广大地区得到了广泛的应用。

（3）秸秆压块（颗粒）饲料加工技术

粮食作物秸秆压块（颗粒）饲料加工技术是指将粮食作物秸秆经机械加工粉碎、搅拌，配混精饲料、微量元素，经过高温熟化、高压成型而成的块状饲料或颗粒饲料的加工技术，其工艺流程如图3-5所示。

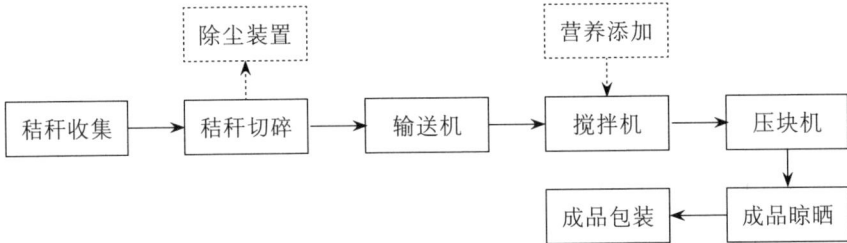

图3-5 秸秆压块（颗粒）饲料加工工艺流程

该技术作为我国粮食作物秸秆饲料化利用的主要技术之一，适用于所有粮食作物秸秆。联合国粮食及农业组织（Food and Agriculture Organization）认为该技术的发展应用对我国的畜牧业和养殖业的发展以及解决"人畜争粮"问题具有战略意义。

（4）秸秆制沼气规模化生产技术

粮食作物秸秆生物气化工程生产沼气技术是指在一定的厌氧环境、温度、水分、酸碱度等条件下，粮食作物秸秆经过厌氧发酵产生沼气的技术，其工艺流程如图3-6所示。

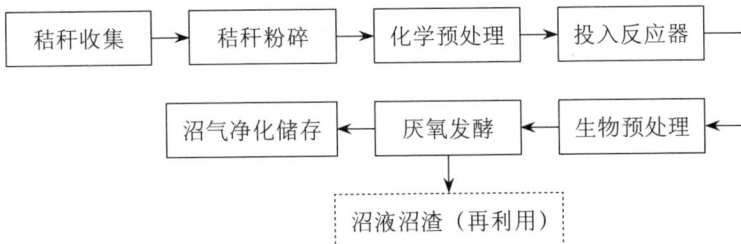

图3-6 秸秆沼气发酵生产工艺流程

　　该技术是我国政府为解决农村清洁能源短缺问题而大力推进的粮食作物秸秆能源化利用的主要技术之一，适用于该技术的粮食作物秸秆主要有玉米秸、麦秸等。相对于户用秸秆沼气，当前国家发展和改革委员会和农业农村部正在致力于引导、推进规模化秸秆沼气工程，尤其是沼气集中供气工程。

　　（5）秸秆制纤维素乙醇生产技术

　　粮食作物秸秆纤维素乙醇生产技术是指以粮食作物秸秆等纤维素为原料，经过秸秆预处理、酶解、发酵等工艺，最终生成燃料乙醇的技术。该生产技术的关键工艺包括原料预处理、水解、发酵。其工艺流程如图3-7所示。

秸秆收集 → 预处理 → 酶解 → 发酵 → 蒸馏 → 乙醇

图3-7　秸秆纤维素乙醇生产工艺流程

　　粮食作物秸秆纤维素乙醇生产技术作为粮食作物秸秆能源化利用的高新技术之一，适用于该技术的粮食作物秸秆主要有玉米秸、麦秸、稻秆等。该技术在生物质燃料乙醇生产技术中处于最尖端的第二代技术，属于国家重点推进的秸秆能源化技术。目前世界上只有中国、美国、意大利建有工业规模的纤维素乙醇装置。

　　（6）秸秆直燃发电技术

　　粮食作物秸秆直燃发电技术主要是以粮食作物秸秆为燃料，通过把粮食作物秸秆送入特定直燃锅炉中生产蒸汽驱动汽轮发电机发电的技术，其工艺流程如图3-8所示。

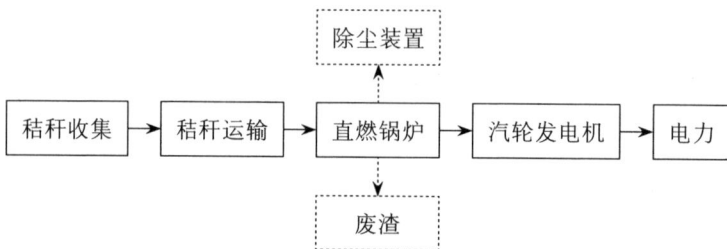

除尘装置

秸秆收集 → 秸秆运输 → 直燃锅炉 → 汽轮发电机 → 电力

废渣

图3-8　秸秆直燃发电生产工艺流程

　　粮食作物秸秆直燃发电技术作为我国粮食作物秸秆能源化利用的主要技术之一，其关键技术主要包括粮食作物秸秆预处理技术、直燃锅炉的高效燃烧技术等。适用于该技术的粮食作物秸秆主要有玉米秸、麦秸、稻秆等。

该技术最早由国能生物质发电有限公司从秸秆直燃发电领域最具代表性的国家丹麦引进，并于2006年12月1日建成投产全国第一家秸秆直燃发电项目（李廉明，2010）。近十年，通过浙江大学、哈尔滨工业大学、济南锅炉厂、生物质发电企业等产学研联合体的不断吸收、消化、自主创新，目前该技术已基本成熟且已经得到较为广泛的工业化、商业化应用。

3.2.3 粮食作物秸秆资源化的政策基础

粮食作物秸秆资源化利用符合党的二十大提出的全方位、全地域、全过程加强生态环境保护，对我国农业、农村的经济及社会可持续发展具有重要的现实和历史意义。国家发展和改革委员会、农业农村部、财政部及各级政府相关部门在加强粮食作物秸秆资源化利用发展和管理方面开展了大量工作，给出了长期发展规划、相关鼓励与优惠政策。支持粮食作物秸秆资源化利用发展的政策体系包括发展规划、财政补贴、税收优惠、电价政策、金融政策等方面。下面对我国现行涉及粮食作物秸秆资源化利用的相关政策做一下梳理和简单分析。

3.2.3.1 发展规划

粮食作物秸秆资源化利用发展规划是我国各级政府、相关机构对我国或某地区粮食作物秸秆资源化利用发展制定的计划和安排。自2007年《可再生能源中长期发展规划》始，我国制定了一系列发展规划，内容涵盖粮食作物秸秆资源化的"五料化"建设、技术研发、重点工程建设、保障措施等方面，为粮食作物秸秆资源化利用的长远发展指明了方向，见表3-9。

从表3-9可以看出，随着《"十二五"农作物秸秆综合利用实施方案》《可再生能源发展"十二五"规划》《关于编制"十三五"秸秆综合利用实施方案的指导意见》等重要政策的出台，我国粮食作物秸秆资源化利用迎来了更好的发展机遇。但是在这里需要指出的是，这些发展规划虽然在宏观上为粮食作物秸秆资源化利用的发展给出了指导和提供了

表3-9　2007—2015年我国涉及粮食作物秸秆资源化发展规划列表

年份	政策	内容
2007	《可再生能源中长期发展规划》	在粮食主产区重点发展建设以秸秆为燃料的生物质发电厂，或将已有燃煤小火电机组改造为燃用秸秆的生物质发电机组；确定了到2020年，包含秸秆发电在内的生物质发电总装机容量达到3 000万KW的发展目标
	《生物产业发展"十一五"规划》	生物能源方面，提出积极开展秸秆、木屑等农林废弃物直燃和气化发电示范工程
	《可再生能源发展"十一五"规划》	发展秸秆发电、沼气、生物液体燃料和生物质固体成型燃料等生物质能清洁高效利用技术，并加强环境影响分析，防止二次污染，推动农村可再生能源建设
2008	《国务院办公厅关于加快推进农作物秸秆综合利用的意见》	提出了秸秆综合利用的目标任务、重点和政策措施
2011	《"十二五"农作物秸秆综合利用实施方案》	促进秸秆的资源化、商品化利用，以提高秸秆综合利用率为目标，提出了秸秆综合利用的指导思想、基本原则和总体目标、重点领域、重点工程和保障措施
2012	《生物质能发展"十二五"规划》	有序发展秸秆直燃发电、沼气、纤维素乙醇，形成较为完整的生物质能产业体系，加强环境与社会影响分析，防止二次污染发生
	《可再生能源发展"十二五"规划》	秸秆能源化利用是生物质能与农村可再生能源利用的发展布局和建设重点之一
2014	《秸秆综合利用技术目录（2014）》	对秸秆综合利用的技术类别、技术内容、主要技术标准和规范作出了具体说明
2016	《关于编制"十三五"秸秆综合利用实施方案的指导意见》	促进秸秆的资源化、商品化利用，以提高秸秆综合利用率为目标，提出了编制秸秆综合利用实施方案的指导思想、基本原则和主要任务以及进度要求、重点实施领域和保障措施

发展契机，但还缺乏微观层面的详细规划和政策扶持。例如，缺乏对粮食作物秸秆资源化利用相应环节的规划、扶持，导致粮食作物秸秆加工转化能力不足，农民和企业直接受益的不多，不利于形成粮食作物秸秆资源化利用的完整产业链；缺乏诸如对粮食作物秸秆的收购存储体系的发展建设等。另外，在规划的具体实施过程中，还存在因"政出多门"而导致的政策间的冲突、政策导向不明等现象，以及政策可操作性不强、政策执行过程出现偏颇等问题，这也直接导致了粮食作物秸秆资源化利用发展的实际情况没有达到发展规划的预期目标和效果。例如，我国"十二五"时期秸秆资源化利用的总体目标中的能源化目标值为能源化利用率14%，实际完成11.4%；秸秆原料化目标值为原料化利用率4%，实际完成2.7%。因此在制定粮食作物秸秆资源化利用发展规划之前应切实做好粮食作物秸秆资源的评价工作，完善发展规划和产学研技术体系，加强项目建设的科学性；要夯实发展规划保障措施的可操作性，同时在落实发展规划的相关过程中，切实加强对地方政府的引导和监督，要求地方政府相关部门因地制宜制定和落实具有针对性的政策措施，保障粮食作物秸秆资源化利用的持续健康发展。

3.2.3.2 现行相关政策

（1）税收优惠政策

我国粮食作物秸秆资源化利用还处于发展初期阶段，税收政策力度的大小直接影响到粮食作物秸秆资源化利用的发展质量与速度问题。税收优惠政策主要是指对增值税与所得税的税率进行优惠的相关政策。增值税方面，财政部、国家税务总局颁布的《资源综合利用产品和劳务增值税优惠目录》（财税〔2015〕78号）规定在符合相应技术标准和相关条件下农作物秸秆资源化利用的部分项目厂商自2015年7月1日起享受即征即退50%或100%的增值税优惠。所得税方面，2007年11月28日国务院第197次常务会议通过并颁布的《中华人民共和国企业所得税法实施条例》与财政部、国家税务总局颁布的《资源综合利用企业所得税优惠目录》（财税〔2008〕117号）规定自2008年1月1日起符合条件的秸秆发电、制沼气项目厂商享受"三免三减半"和"减按90%"的所得税优惠，秸秆压块、秸秆颗粒项目厂商免征所得税。具体情形见表3-10。

表3-10   粮食作物秸秆资源化利用享受的税收优惠政策

税种	文件来源	项目种类	优惠幅度
增值税	《资源综合利用产品和劳务增值税优惠目录》	秸秆压块	退税100%
		秸秆发电	退税100%
		秸秆沼气	退税100%
		秸秆碳化	退税70%
		秸秆糠醛	退税70%
		秸秆纤维板	退税70%
		秸秆刨花板	退税70%
		纤维素乙醇	退税70%
		秸秆纸浆	退税50%
所得税	《中华人民共和国企业所得税法实施条例》《资源综合利用企业所得税优惠目录》	秸秆沼气	三免三减半、减按90%
		秸秆发电	三免三减半、减按90%
		秸秆压块	免征所得税
		秸秆颗粒	免征所得税

从表3-10可以看出，利用粮食作物秸秆生产的纤维板、刨花板属于2015年7月1日开始实施的《资源综合利用产品和劳务增值税优惠目录》的增值税优惠范围，享受70%的增值税退税优惠，但纤维板、刨花板等产品属于原环境保护部2015年12月7日颁布的2139号文件《环境保护综合名录（2015）》规定的"高污染、高环境风险产品名录"项目，政策间存在冲突，政策导向不明。另外，财政部、国家税务总局颁布的《资源综合利用产品和劳务增值税优惠目录》（财税〔2015〕78号）中对粮食作物秸秆资源化利用税收优惠的认定范围及认定标准与2007年11月28日国务院第197次常务会议通过并颁布的《中华人民共和国企业所得税法实施条例》、财政部和国家税务总局颁布的《资源综合利用企业所得税优惠目录》（财税〔2008〕117号）中对粮食作物秸秆资源化利用税收优惠的认定范围及认定标准不一致。因此。需要各部委之间协调修订完善《中华人民共和国企业所得税法实施条例》与《资源综合利用企业所得税优惠目录》，使其和《资源综合利用产品和劳务

增值税优惠目录》相一致，缩小或避免增值税、所得税在优惠认定范围以及认定标准方面的差异。

（2）财政补贴政策

①电价补贴政策。国家发展和改革委员会2010年7月18日颁布的1579号文件《关于完善农林生物质发电价格政策的通知》中规定，自2010年7月1日起对于未采用招标确定投资人的秸秆发电项目，统一执行0.75元/KW·h（含税）的标杆上网电价。另外，国家发展和改革委员会2015年11月6日颁布的2651号文件《关于进一步加快推进农作物秸秆综合利用和禁烧工作的通知》中规定，粮食主产区和大气污染防治重点地区秸秆粉碎、压块等初加工用电纳入农业生产用电价格政策范围。

②农机补贴政策。财政部与原农业部2015年1月27日颁布的农办财6号文件《2015—2017年农业机械购置补贴实施指导意见》中规定对农机购置进行补贴。2016年，中央财政安排农机购置补贴资金228亿元，其中部分资金用于粮食作物茎秆收集处理机械、饲料加工机械设备的购置补贴。具体情形见表3-11。

表3-11　　　　2015—2016年我国涉及粮食作物秸秆
资源化利用农业机械购置补贴

机具种类（大类）	机具种类（小类）	补贴额度（元/台）
秸秆粉碎还田机	1m以下秸秆粉碎还田机	220
	1~1.5m秸秆粉碎还田机	800
	1.5~2m秸秆粉碎还田机	1 600
	2~2.5m秸秆粉碎还田机	1 900
	2.5m及以上秸秆粉碎还田机	2 300
饲料粉碎机	400mm以下饲料粉碎机	210
	400~550mm饲料粉碎机	730
	550mm及以上饲料粉碎机	1 200
颗粒饲料压制机	平模颗粒饲料压制机	1 100
	环模直径200~250mm颗粒饲料压制机	4 500
	环模直径250mm及以上颗粒饲料压制机	10 000

注：数据资料来源于农机通网。

③沼气集中供气补贴。2003年至2014年，国家累计安排中央资金364亿元，支持户用沼气、联户沼气和大中型沼气工程的建设。但是，随着农村城镇化的快速推进，户用沼气需求和使用率下降，中小型沼气工程运行效果不理想，农村沼气工程亟待转型升级。因此，国家发展和改革委员会与原农业部2015年4月13日颁布的发改办农经879号文件《2015年农村沼气工程转型升级工作方案》中规定，对符合条件的秸秆制沼气日产沼气500立方米及以上的沼气集中供气工程，每立方米沼气生产能力安排中央投资补助1 500元。

我国政府投入了大量资金对粮食作物秸秆资源化利用进行财政补贴，引导、促进了粮食作物秸秆资源化利用的发展。但不可否认的是我国粮食作物秸秆资源化利用尚处于初期发展阶段，产业化、工业化和商业化程度不高、市场竞争力薄弱、缺乏可持续发展能力。目前，多种多样的财政补贴政策虽然对我国的粮食作物秸秆资源化利用的发展发挥了重要的支柱作用，但就其补贴的范围、优先次序、力度等方面还有完善的必要。尤其是应该按照节约资源、保护环境的基本国策，从可持续发展的角度对财政补贴的范围、优先次序、力度进行进一步商榷。

（3）信贷优惠政策

财政部2015年4月2日颁布的《可再生能源发展专项资金管理暂行办法》中第十条规定，符合条件的可再生能源项目采用贴息等方式予以支持。另外，国家发展和改革委员会2016年2月1日颁布的文件《关于加快发展农业循环经济的指导意见》中规定，鼓励金融机构创新融资方式，多元化信贷支持符合条件的农林循环经济重点项目与示范工程，拓宽抵押担保范围。

融资难是粮食作物秸秆资源化利用发展的一个重要阻碍。目前，随着石油、天然气、煤炭价格的低迷，作为替代品的粮食作物秸秆资源化利用的一些工业化、商业化项目基本都处在微利或亏损的经营状态，可持续发展面临挑战。另外，由于粮食作物秸秆加工利用的季节性比较强，需要一次性投入的资金数量比较大，且金融机构贷款门槛比较高，致使农户和小型加工企业缺乏资金周转，严重地制约了粮食作物秸秆的资源化利用。因此，一方面政府应该充分利用国家开发银行和农业发展银行等政策性银行为粮食作物秸秆资源化利用提供金融支持；另一方面政府应该和商业性金融机构合作，利用贴息等方式鼓励商业性银行为粮食作物秸秆资源化利用提供更多的信贷支持。

总的来说，我国政府针对粮食作物秸秆资源化利用的发展制定了相关税收优惠、财政补贴、信贷优惠等政策，对粮食作物秸秆资源化利用的初期发展起到了关键的支撑和促进作用。这充分说明，节约资源和保护环境的基本国策已经落实到粮食作物秸秆资源化利用的具体政策中，同时也说明经济、环境、社会可持续发展的理念已具体体现在粮食作物秸秆资源化利用政策中。

3.2.3.3 政策评述

从社会学的角度来看，粮食作物秸秆资源化利用政策是解决资源节约、环境友好、农业可持续发展问题的一种社会控制手段，其必须具有系统化和可持续的操作性。因此，粮食作物秸秆资源化利用政策必须具备三个条件：一是对新出现问题的敏感性以及其反应控制；二是政策制定应以国家、国民的长远利益为基础；三是政策本身以及政策制定者要有主体性。从前述的我国粮食作物秸秆资源化利用的中长期发展规划以及现行政策来看，我国的粮食作物秸秆资源化利用政策基本上符合上述三个条件，说明我国已经基本上建立了粮食作物秸秆资源化利用控制体系，有利于形成粮食作物秸秆资源化利用可持续发展的社会规范。但是需要指出的是，相关政策内容中科学依据还有所欠缺，具体技术路径和参数还有改进的空间，而且粮食作物秸秆资源化利用的政策原则性规定较多，可操作性规定较少。总之，我国粮食作物秸秆资源化利用的相关政策促进了粮食作物秸秆资源化利用的发展，提高了秸秆利用率。但是，不可否认的是我国目前的相关政策的重点还是在围绕秸秆利用量、率的提高，对秸秆利用"质"的提高关注度还不够。因此，我国粮食作物秸秆资源化利用的相关政策还有进一步完善和改进的空间。

3.3 粮食作物秸秆露天焚烧污染空间分布分析

3.3.1 粮食作物秸秆露天焚烧的空间分布

（1）稻秸秆焚烧量的空间分布

从2014年的稻秸秆焚烧量空间分布表可知，从地区分布来看，东北地区和华中地区的稻秸秆焚烧情况比较严重；从省份分布来看，黑龙江、安徽两省的稻秸秆焚烧量最多，吉林、辽宁、河南、湖北、江西次之，西藏、青海、云南、江苏、上海无稻秸秆焚烧，见表3-12。

表3-12　　　　　2014年稻秸秆焚烧空间分布表

地区	稻秸秆焚烧量（万吨）
北京	0.0060
天津	0.3441
河北	1.2258
山西	0.0162
内蒙古	2.7899
辽宁	79.6825
吉林	85.8312
黑龙江	221.3088
上海	0
江苏	0
浙江	1.7448
安徽	150.9939
福建	1.6916
江西	19.9598

续表

地区	稻秸秆焚烧量（万吨）
山东	4.4022
河南	80.1019
湖北	48.6120
湖南	6.4820
广东	2.8713
广西	8.4403
海南	0.5745
重庆	1.3390
四川	9.0835
贵州	0.6209
云南	0
西藏	0
陕西	0.5457
甘肃	0.0261
青海	0
宁夏	3.4665
新疆	1.8533

（2）小麦秸秆焚烧量的空间分布

从2014年的小麦秸秆焚烧量空间分布表可知，从地区分布来看，华东、华中、西北部分地区的小麦秸秆焚烧情况比较严重；从省份分布来看，山东、河南、安徽三省的小麦秸秆焚烧量最多，河北、湖北、新疆次之，西藏、云南、海南、江苏、上海无小麦秸秆焚烧，见表3-13。

表3-13 **2014年小麦秸秆焚烧空间分布表**

地区	小麦秸秆焚烧量（万吨）
北京	0.6643
天津	1.2463
河北	37.8729
山西	9.0220
内蒙古	9.5944
辽宁	0.5781
吉林	0.0249
黑龙江	4.7723
上海	0
江苏	0
浙江	0.1115
安徽	150.8856
福建	0.0031
江西	0.0295
山东	131.2213
河南	544.8204
湖北	11.8503
湖南	0.0316
广东	0.0007
广西	0.0016
海南	0
重庆	0.1165
四川	3.2025
贵州	0.1108

地区	小麦秸秆焚烧量（万吨）
云南	0
西藏	0
陕西	3.1825
甘肃	2.3489
青海	0.1130
宁夏	2.5572
新疆	20.7848

（3）玉米秸秆焚烧量的空间分布

从2014年的玉米秸秆焚烧量空间分布表可知，从地区分布来看，东北地区、华北地区、华东与西北部分地区的玉米秸秆焚烧情况比较严重；从省份分布来看，黑龙江、吉林、辽宁、内蒙古、河南五省的玉米秸秆焚烧量最多，河北、山东、山西、安徽、新疆次之，西藏、云南、海南、江苏、上海无玉米秸秆焚烧，见表3-14。

表3-14　　　　　　　2014年玉米秸秆焚烧空间分布表

地区	玉米秸秆焚烧量（万吨）
北京	3.0952
天津	1.9163
河北	43.4945
山西	29.9628
内蒙古	121.1418
辽宁	190.0485
吉林	370.1576
黑龙江	356.0956
上海	0
江苏	0

续表

地区	玉米秸秆焚烧量（万吨）
浙江	0.0963
安徽	48.5349
福建	0.0846
江西	0.1255
山东	83.1896
河南	251.9692
湖北	7.3368
湖南	0.5480
广东	0.1723
广西	2.0053
海南	0
重庆	0.9839
四川	5.0578
贵州	0.4446
云南	0
西藏	0
陕西	4.4721
甘肃	5.0906
青海	0.0537
宁夏	12.5610
新疆	17.6268

（4）主要粮食作物秸秆合计焚烧量的空间分布

从2014年的全国粮食作物秸秆焚烧量空间分布表可知，从地区分布来看，东北地区、华中地区、华北和华东部分地区的粮食作物秸秆焚烧情况比较严重；从省份分布来看，黑龙江、河南两省的粮食作物秸秆焚烧量最多,内蒙古、吉林、辽宁、河北、山东、湖北、安徽次之,西藏、云南、江苏、上海无粮食作物秸秆焚烧。通过2014年的粮食作物秸秆焚烧量分布表,并结合2007—2014年的秸秆焚烧火点数量分布来看,江苏的秸秆焚烧情况得到了明显改善,见表3-15。

表3-15   **2014年主要粮食作物秸秆合计焚烧量的空间分布表**

地区	秸秆合计焚烧量（万吨）
北京	3.7657
天津	3.5068
河北	82.5933
山西	39.0011
内蒙古	133.5262
辽宁	270.3092
吉林	456.0138
黑龙江	582.1767
上海	0
江苏	0
浙江	1.9527
安徽	350.4145
福建	1.7795
江西	20.1149
山东	218.8131
河南	876.8915
湖北	67.7992
湖南	7.0617
广东	3.0444

地区	秸秆合计焚烧量（万吨）
广西	10.4474
海南	0.5745
重庆	2.4395
四川	17.3439
贵州	1.1764
云南	0
西藏	0
陕西	8.2004
甘肃	7.4657
青海	0.1668
宁夏	18.5847
新疆	40.2650

3.3.2 粮食作物秸秆焚烧排放的污染物空间分布特征

根据公式3-3测算出2014年度各省（自治区、直辖市）粮食作物秸秆焚烧的主要污染物（即二氧化碳、一氧化碳、甲烷、氮氧化物、颗粒物、二氧化硫、多环芳烃）排放量的空间分布示意表，见表3-16至表3-22。

（1）粮食作物秸秆焚烧二氧化碳排放的空间分布

2014年全国粮食作物秸秆焚烧排放的二氧化碳共6100万吨地区间分布不均衡。从二氧化碳排放量的地区分布来看，东北地区、华北地区、华中地区以及华东部分地区总体排放量较高，西南地区总体排放量较低；从二氧化碳排放量的省份分布来看，二氧化碳排放最多的省份为黑龙江和河南两省，其次为内蒙古、吉林、辽宁、河北、山东、湖北和安徽等省份，西藏、云南、江苏、上海无排放，见表3-16。

表3-16 2014年度粮食作物秸秆焚烧二氧化碳排放的
空间分布示意表

地区	二氧化碳排放量（t）
北京	78 061.51
天津	66 699.73
河北	1 540 323.96
山西	793 342.59
内蒙古	2 856 610.78
辽宁	5 590 267.45
吉林	9 652 702.31
黑龙江	11 794 796.18
上海	0
江苏	0
浙江	34 440.99
安徽	5 960 000.24
福建	31 641.64
江西	353 999.09
山东	3 854 332.75
河南	15 033 958.36
湖北	1 191 587.84
湖南	126 450.91
广东	54 267.57
广西	192 485.57
海南	10 097.703
重庆	46 910.52
四川	318 433.20

续表

地区	二氧化碳排放量（t）
贵州	20 917.80
云南	0
西藏	0
陕西	155 196.77
甘肃	147 306.17
青海	2 860.16
宁夏	375 216.33
新疆	728 731.70

（2）粮食作物秸秆焚烧一氧化碳排放的空间分布

2014年全国粮食作物秸秆焚烧排放的一氧化碳共223万吨，地区间分布不均衡。从一氧化碳排放量的地区分布来看，东北地区、华北地区、华中和华东部分地区总体排放量较高，西南地区总体排放量较低；从一氧化碳排放量的省份分布来看，河南的排放量最高，黑龙江、内蒙古、吉林、辽宁、河北、山东、安徽七个省份次之，西藏、云南、江苏、上海无排放，见表3-17。

表3-17　2014年度粮食作物秸秆焚烧一氧化碳排放的空间分布示意表

地区	一氧化碳排放量（kg）
北京	2 612 428.76
天津	2 410 787.48
河北	56 227 462.45
山西	26 955 123.95
内蒙古	93 345 889.27
辽宁	191 482 934.00
吉林	322 008 836.40

续表

地区	一氧化碳排放量（kg）
黑龙江	413 332 583.60
上海	0
江苏	0
浙江	1 403 977.01
安徽	242 221 287.90
福建	1 286 302.49
江西	14 558 434.95
山东	147 536 294.50
河南	591 733 553.20
湖北	48 107 593.92
湖南	5 098 482.55
广东	2 200 343.81
广西	7 519 684.59
海南	415 969.27
重庆	1 736 536.98
四川	12 224 763.15
贵州	850 354.41
云南	0
西藏	0
陕西	5 619 122.35
甘肃	5 131 133.67
青海	111 797.40
宁夏	13 002 559.24
新疆	27 329 985.72

（3）粮食作物秸秆焚烧甲烷排放的空间分布

2014年全国粮食作物秸秆焚烧排放的甲烷共4.95万吨，地区间分布不均衡。从甲烷排放量的地区分布来看，东北地区、华北大部分地区、华中和华东部分地区总体排放量较高，西南地区总体排放量较低；从甲烷排放量的省份分布来看，河南的排放量最高，黑龙江、内蒙古、吉林、辽宁、河北、山东、安徽七个省份次之，西藏、云南、江苏、上海无排放，见表3-18。

表3-18　　　　　2014年度粮食作物秸秆焚烧甲烷排放的
空间分布示意表

地区	甲烷排放量（kg）
北京	66 302.58
天津	58 697.20
河北	1 459 268.30
山西	688 668.28
内蒙古	2 314 689.59
辽宁	3 910 086.51
吉林	7 096 197.78
黑龙江	7 911 952.98
上海	0
江苏	0
浙江	16 279.42
安徽	4 682 637.71
福建	13 719.67
江西	146 445.79
山东	3 875 742.68

续表

地区	甲烷排放量（kg）
河南	14 901 926.59
湖北	694 078.23
湖南	56 837.91
广东	23 703.50
广西	95 894.83
海南	4 136.71
重庆	28 981.36
四川	212 200.44
贵州	8 712.43
云南	0
西藏	0
陕西	140 113.76
甘肃	132 025.45
青海	2 998.58
宁夏	291 317.94
新疆	700 098.95

（4）粮食作物秸秆焚烧氮氧化物排放的空间分布

2014年全国粮食作物秸秆焚烧排放的氮氧化物共10.2万吨，地区间分布不均衡。从氮氧化物排放量的地区分布来看，东北地区、华北地区、华中和华东部分地区总体排放量较高，西南地区总体排放量较低；从氮氧化物排放量的省份分布来看，氮氧化物排放最多的省份为黑龙江、吉林、河南和安徽四省，其次为内蒙古、新疆、辽宁、河北、山东、山西和湖北等省份，西藏、云南、江苏、上海无排放，见表3-19。

表3-19　　　2014年度粮食作物秸秆焚烧氮氧化物排放的
空间分布示意表

地区	氮氧化合物排放量（kg）
北京	121 421.37
天津	108 783.31
河北	2 485 475.54
山西	1 240 994.60
内蒙古	4 417 069.56
辽宁	9 205 430.92
吉林	15 459 203.34
黑龙江	19 878 486.61
上海	0
江苏	0
浙江	67 545.44
安徽	10 853 701.09
福建	62 474.62
江西	707 571.30
山东	6 348 761.80
河南	25 396 602.09
湖北	2 264 587.35
湖南	247 403.21
广东	106 882.13
广西	364 524.25
海南	20 223.92
重庆	83 213.34
四川	572 630.14

续表

地区	氮氧化合物排放量（kg）
贵州	41 300.59
云南	0
西藏	0
陕西	251 901.73
甘肃	232 804.14
青海	4 734.76
宁夏	610 303.06
新疆	1 195 829.32

（5）粮食作物秸秆焚烧颗粒物排放的空间分布

2014年全国粮食作物秸秆焚烧排放的颗粒物共21.6万吨，地区间分布不均衡。从颗粒物排放量的地区分布来看，东北地区、华北大部分地区、华中和华东部分地区总体排放量较高，西南地区总体排放量较低；从颗粒物排放量的省份分布来看，河南的排放量最高，黑龙江、吉林、辽宁、内蒙古、河北、山东、安徽七个省份次之，西藏、云南、江苏、上海无排放，见表3-20。

表3-20　　　2014年度粮食作物秸秆焚烧颗粒物排放的
空间分布示意表

地区	颗粒物排放量（kg）
北京	227 221.33
天津	241 595.32
河北	6 012 317.85
山西	2 446 746.31
内蒙古	7 464 366.21
辽宁	14 833 240.61
吉林	24 622 571.21

续表

地区	颗粒物排放量（kg）
黑龙江	32 469 210.08
上海	0
江苏	0
浙江	120 511.67
安徽	26 157 955.83
福建	106 261.70
江西	1 207 043.24
山东	17 289 644.93
河南	70 580 383.98
湖北	4 445 017.64
湖南	420 802.39
广东	181 419.71
广西	612 066.29
海南	34 472.59
重庆	143 335.15
四川	1 119 782.97
贵州	70 247.50
云南	0
西藏	0
陕西	574 776.39
甘肃	495 777.23
青海	13 726.99
宁夏	1 115 214.80
新疆	3 042 036.00

（6）粮食作物秸秆焚烧二氧化硫排放的空间分布

2014年全国粮食作物秸秆焚烧排放的二氧化硫共2 030吨，地区间分布不均衡。从二氧化硫排放量的地区分布来看，东北地区、华北地区、华中和华东以及西北和西南部分地区总体排放量较高；从二氧化硫排放量的省份分布来看，二氧化硫排放最多的省份为黑龙江、吉林、辽宁、河南和安徽五省，其次为内蒙古、新疆、四川、河北、山东、山西、广西、江西和湖北等省份，西藏、云南、江苏、上海无排放，见表3-21。

表3-21　2014年度粮食作物秸秆焚烧二氧化硫排放的空间分布示意表

地区	二氧化硫排放量（g）
北京	1 269 845.59
天津	1 714 293.78
河北	33 823 616.90
山西	13 524 232.21
内蒙古	45 324 720.62
辽宁	176 827 437.90
吉林	239 806 645.50
黑龙江	441 178 085.30
上海	0
江苏	0
浙江	2 701 936.86
安徽	316 494 258.70
福建	2 564 531.00
江西	29 992 247.58
山东	97 170 885.68

续表

地区	二氧化硫排放量（g）
河南	468 153 863.70
湖北	81 044 354.99
湖南	9 903 335.97
广东	4 359 123.73
广西	13 263 011.08
海南	861 814.80
重庆	2 362 037.61
四川	16 743 936.69
贵州	1 695 371.88
云南	0
西藏	0
陕西	3 751 554.08
甘肃	2 740 921.66
青海	72 659.38
宁夏	10 246 665.43
新疆	18 460 543.87

（7）粮食作物秸秆焚烧多环芳烃排放的空间分布

2014年全国粮食作物秸秆露天焚烧排放的多环芳烃共639.08吨，地区间分布不均衡。从多环芳烃排放量的地区分布来看，东北地区、华北和华中以及华东部分地区总体排放量较高，西南地区总体排放量较低；从多环芳烃排放量的省份分布来看，多环芳烃排放最多的省份为黑龙江、河南和安徽三省，其次为内蒙古、黑龙江、吉林、辽宁、河南、安徽、山东、江西和湖北等省份，西藏、云南、江苏、上海无排放，见表3-22。

表3-22　　　　2014年度粮食作物秸秆焚烧多环芳烃排放的
空间分布示意表

地区	多环芳烃排放量（g）
北京	266 990
天津	461 341
河北	7 561 004
山西	2 842 634
内蒙古	10 188 560
辽宁	59 673 505
吉林	74 402 489
黑龙江	155 505 126
上海	0
江苏	0
浙江	1 067 139
安徽	110 281 270
福建	1 022 609
江西	12 010 843
山东	22 132 438
河南	123 306 657
湖北	30 974 481
湖南	3 934 235
广东	1 736 960
广西	5 198 048

续表

地区	多环芳烃排放量（g）
海南	345 415
重庆	878 395
四川	6 123 052
贵州	676 031
云南	0
西藏	0
陕西	951 881
甘肃	586 357
青海	15 685
宁夏	3 137 581
新疆	4 474 786

在2014年，全国因粮食作物秸秆露天焚烧排放的二氧化碳、一氧化碳、甲烷、氮氧化物、颗粒物、二氧化硫、多环芳烃分别6 100万吨、223万吨、4.95万吨、10.2万吨、21.6万吨、2 030吨和639.08吨。其中，二氧化碳排放最多的省份为黑龙江和河南，其次为内蒙古、吉林、辽宁、河北、山东、湖北和安徽；一氧化碳、颗粒物和甲烷排放最多的省份为河南，其次为内蒙古、黑龙江、吉林、辽宁、河北、山东和安徽；氮氧化物排放最多的省份为黑龙江、吉林、河南和安徽，其次为内蒙古、新疆、辽宁、河北、山东、山西和湖北；二氧化硫排放最多的省份为黑龙江、吉林、辽宁、河南和安徽，其次为内蒙古、新疆、四川、河北、山东、山西、广西、江西和湖北；多环芳烃排放最多的省份为黑龙江、河南和安徽，其次为内蒙古、黑龙江、吉林、辽宁、河南、安徽、山东、江西和湖北。上述污染物排放差异是由于各地区秸秆种类与焚烧量不同而导致的。在2014年，全国因粮食作物秸秆露天焚烧排放

的温室气体排放（未含生物二氧化碳排放）、氮氧化物、颗粒物、二氧化硫总量分别占我国当年排放总量的0.01%、0.05%、1.24%、0.01%。与二氧化硫排放相比，氮氧化物和颗粒物排放比重较高，造成这一现象的主要原因是由于秸秆本身含硫量低于煤炭等化石能源。颗粒物与氮氧化物的排放比重较高，尤其是在我国反复出现雾霾的中东部地区，这一情况尤为明显。之所以如此，是因为造成雾霾的主要原因是排放到空气中的颗粒物。此外，排放到大气中的氮氧化物与二氧化硫，可与大气中的氧化剂臭氧（O_3）和氢氧自由基（OH）反应，形成二次颗粒物（即气溶胶态的硫酸盐和硝酸盐），加速了雾霾的形成（Zhang et al., 2015）。因此，控制我国粮食作物秸秆露天焚烧行为，鼓励粮食作物秸秆资源化利用将有助于减少雾霾天气的形成。

3.4　本章小结

本章介绍了粮食作物秸秆产出量、焚烧量以及焚烧污染物排放量的估算方法，并从资源、技术两个方面探讨了粮食作物秸秆资源化利用的发展基础，并对我国粮食作物秸秆露天焚烧环境污染物排放的空间特征进行了分析。本章的研究结果如下：

（1）2005—2014年期间，我国稻谷、小麦、玉米的产量占全国粮食作物总产量的90%左右。

（2）2005—2014年期间，我国粮食产量年均复合增长率为2.55%，玉米、稻谷、小麦三大粮食作物秸秆产出量的年增长率为2.9%。

（3）黑龙江、山东、河南是我国的主要粮食作物秸秆产出地，吉林、河北、内蒙古、四川、江苏、湖南、湖北、江西、安徽次之，西藏、青海粮食作物秸秆产出量较低。

（4）黑龙江、河南两省的粮食作物秸秆焚烧量最多，内蒙古、吉林、辽宁、河北、山东、湖北、安徽次之，西藏、云南等地无粮食作物秸秆焚烧。

（5）2014年度我国因粮食作物秸秆焚烧排放二氧化碳6 100万吨、

一氧化碳 223 万吨、甲烷 4.95 万吨、氮氧化物 10.2 万吨、颗粒物 21.6 万吨、二氧化硫 2 030 吨、多环芳烃 639.08 吨。其中，温室气体、氮氧化物、颗粒物与二氧化硫排放量分别占全国相应排放总量的 0.01%、0.05%、1.24%、0.01%。其中，颗粒物占比较高，而且颗粒物是形成雾霾的重要原因。此外，排放到大气中的氮氧化物与二氧化硫，加速了雾霾的形成。上述情况说明，控制粮食作物秸秆的露天焚烧并进行资源化利用将有助于减少雾霾的形成。

第4章 粮食作物秸秆资源化利用的环境评价与经济分析模型

当前，在资源约束趋紧、环境污染严重的严峻形势下，党的十八大报告明确指出要"大力推进生态文明建设"的战略决策。因此，我国在粮食作物秸秆资源化利用过程中要着力推进绿色发展、循环发展、低碳发展。为有效地避免粮食作物秸秆资源化利用过程中的二次污染或污染转移，同时尽量避免混杂的环境信息对公众、决策者造成困扰，本书采用生命周期环境评价（LCA）与生命周期成本（LCC）分析法对秸秆资源化利用全过程的环境与经济影响进行评价。

为对我国粮食作物秸秆资源化利用全过程的环境与经济影响进行评价，首先需要对我国生态系统、健康损伤的成因、类型与特征进行科学、客观的预测与评价。这就需要建立一套符合我国国情的生态系统和健康损伤评价体系。然而，与发达国家相比，我国在本土化区域环境影响评价模型构建方面存在许多不足。同臭氧层破坏与地球温暖化影响类别不同，生态系统健康损伤、人类健康损伤等影响类别的特征化评价需包含地域信息。当前，欧洲、美国、日本都各自建立了具有地域信息的特征化评价方法,而我国尚无一套完整的特征化评价方法。欧、美等区域的特征化评价方法在我国环境影响评价研究中的直接应用,有可能过高或过低地评估我国污染排放对环境的影响。因此,本书须构建适合我国粮食作物秸秆资源化利用的生命周期环境影响评价模型,并在此基础上,将其合理充分地融入到生命周期成本分析方法中,构建生命周期环境与经济综合评价模型。

4.1 LCA模型

4.1.1 功能单位与系统边界的设定

4.1.1.1 模型构建的目的

粮食作物秸秆资源化利用的全过程环境评价的目的是对粮食作物秸秆资源化利用过程,即粮食作物秸秆的收集、粮食作物秸秆资源化处理、最终废弃物的处置等阶段进行生命周期环境评价。目前,秸秆肥料化、秸秆饲料化、秸秆能源化是我国粮食作物秸秆资源化的主要途径,其主要的处置方式为还田、秸秆饲料、堆肥、制沼气、发电、制纤维素乙醇等。因此,需在收集上述资源化利用方式各阶段的资源能源消耗和环境污染物排放数据的基础上,对比分析各种资源化利用方式的环境影响,从人群健康、土地生态、环境污染物排放等方面确定重要的影响因子,并识别各种资源化利用方式的环境负荷大小,找出对环境影响显著的环节或阶段。粮食作物秸秆资源化利用的生命周期环境评价可为各种资源化利用方式的工艺技术改进和降低环境负荷提供参考,也可为各种资源化利用方式进行环境管理提供基础理论依据,并能为政府实施环境管理政策提供依据。

4.1.1.2 功能单位的设定

为了能够对各种方式的粮食作物秸秆资源化利用进行对比分析,统一功能单位,本书针对粮食作物秸秆资源化利用过程,设立了1t秸秆为评价的功能单位。在清单中所有原材料的投入、能源的使用、废物排放都是基于上述功能单位进行计算。

4.1.1.3 系统边界的设定

粮食作物秸秆资源化利用过程中存在较多制约秸秆资源生态高效利用的关键生态环境与经济技术难题，如污染源多、二次污染及其转移、强度大、影响复杂、成本高等。此外，由于秸秆本身性质的差异、利用过程使用的原辅料等化学助剂、能源与资源、三废排放的不同，使得秸秆利用模式、技术参数、经济负荷具有其特殊性。因此，在秸秆资源化利用过程中需要综合考虑各种问题，建立环保、经济可行的粮食作物秸秆资源利用源头减量化技术是秸秆绿色高效利用的关键。因此，本研究的系统边界将采用从"门口到门口"的途径，不仅涉及对各种常见的秸秆资源化利用待分析系统（即秸秆收集、运输与加工过程）中的每个单元过程的直接输入输出数据，还包含各直接输入输出数据的间接能耗、物耗、土地利用、三废排放等环节。图4-1为本研究的系统边界。

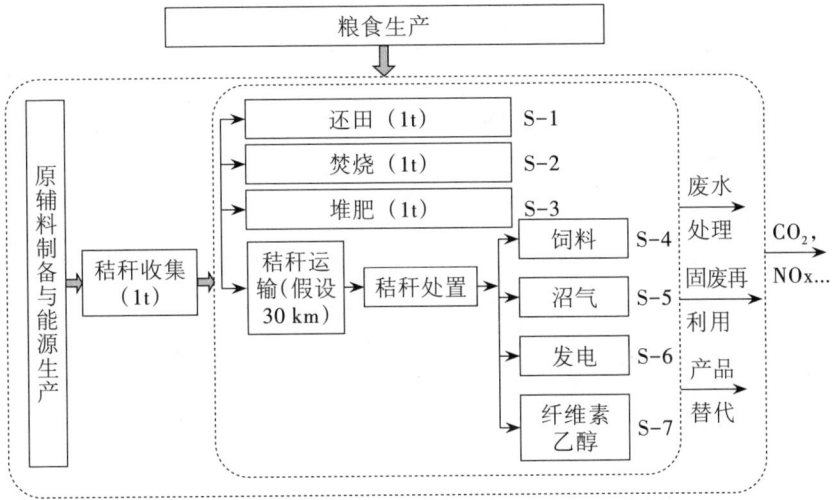

图4-1 系统边界

（1）技术边界

根据我国粮食作物秸秆资源化利用的发展情况和国家发展和改革委员会、财政部、农业农村部等政府部门出台的对秸秆资源化利用的发展规划与政策可知，秸秆还田、秸秆饲料、秸秆堆肥、秸秆制沼气、秸秆发电、秸秆制纤维素乙醇是秸秆资源化利用的主要方式。因此，本书的粮食作物秸秆资源化利用技术种类为秸秆还田、秸秆饲料、秸秆堆肥、秸秆制沼气、秸秆发电、秸秆制纤维素乙醇。同时为了分析粮食作物秸秆资源化利用的环境效益，本书还把粮食作物秸秆露天焚烧纳入评价对象。

（2）地域边界

本书的LCA研究地域边界上，因缺乏中国台湾、香港、澳门地区的数据，故此三地除外，因此数据的地域边界是中国大陆（内地）。

（3）时间边界

本书在进行粮食作物秸秆资源化利用全过程生命周期环境评价时，以2014年为基准年，关键输入输出数据原则上采用2014年的数据，另行注明的数据除外。

4.1.2　生命周期清单（LCI）模型

4.1.2.1　生命周期清单分析模型

功能单位与系统边界的确定为粮食作物秸秆资源化利用的生命周期环境评价（LCA）的生命周期清单构建阶段提供了初始条件。生命周期清单是指生命周期评价中对所研究产品整个生命周期中输入和输出进行汇编的过程（樊庆锌等，2007）。对粮食作物秸秆资源化利用的生命周期清单而言，就是指其生命周期环境评价过程中的粮食作物秸秆资源化利用系统所有环节的输入和输出进行汇编的过程。而粮食作物秸秆资源化利用系统是由具有一种或多种特定功能的处置流程和（或）待处理的废物流联系起来的单元过程的集合，具体生命周期清单模型如图4-2所示。

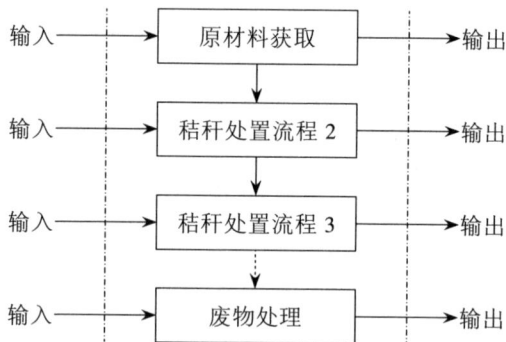

图4-2　生命周期清单模型

4.1.2.2　生命周期清单分析流程与数据

目前，国内外构建生命周期清单方法的种类繁多，但大体上可以分为三类：一是基于学术研究、国家或机构的统计数据，结合各污染物的排污系数、去除效率、物质代谢平均值等进行的构建；二是基于经济投入产出分析，对直接和间接的资源投入和环境输出进行的构建；三是基于各具体工艺流程、原辅料与能源构成、废弃物处置与资源化利用的原始数据进行收集和集合基础上的构建。由于依据原始数据的清单构建方式可以精确、完整地反映具体生产与利用过程、物质流动与污染物排放状况以及数据质量（准确性、完整性、可用性、一致性等）等。因而，本书在初步构建的秸秆处置与利用生命周期清单的基础上，利用泰勒系列展开不确定性分析模型，依据图4-3所示清单构建路线图，进行原始数据清单收集与筛选。

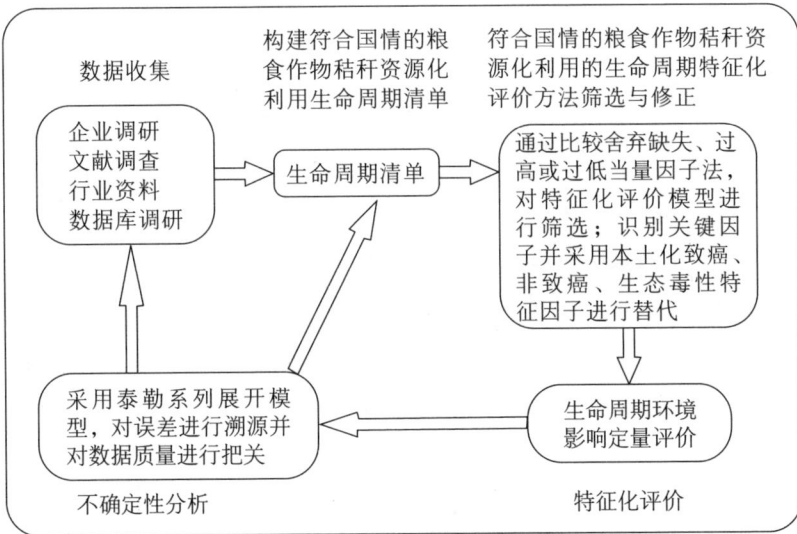

图4-3　生命周期清单构建路线图

生命周期环境评价在其清单构建环节涉及众多单元数据集（dataset）。在每一个dataset背后还隐藏着成百上千个dataset，它们是一环扣一环，共同构成了如图4-4所示的流程树。

此外，生命周期清单数据具有很强的地域性，构建符合我国粮食作物秸秆资源化利用现状的生命周期清单，是进行我国粮食作物秸秆资源

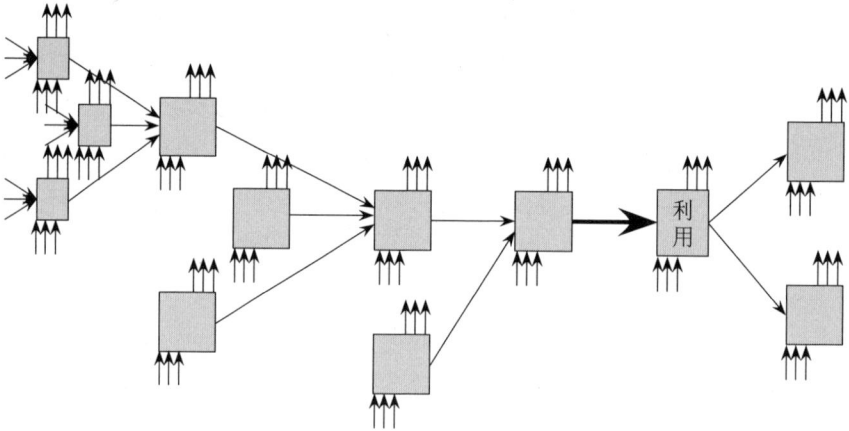

图4-4　流程树示意图

化利用的环境与经济影响评价的前提。本研究中的表层清单拟采用企业、文献调研等技术方法，研究确定各粮食作物秸秆资源化利用全生命周期过程中污染物种类、排放形态、排放量及其污染形成机制，进行清单编制。清单涉及典型产品生产全生命周期过程的能源、材料、资源、运输、加工、废弃物处置等单元，并最大限度地采用生产的原始数据。背景清单拟从我国生命周期基础数据库（Chinese Process-based LCI Database，CPLCID）中提取。CPLCID数据库是为解决我国企业的生产过程原始数据匮乏、数据质量（准确性、完整性、可用性、一致性、代表性等）控制技术欠缺等问题，由山东大学开发的基于企业生产过程的原始数据集合与不确定性分析的中国生命周期清单基础数据库。为提高数据的代表性，也为迅速应对我国区域之间生产和环保技术的差异以及快速的工业化进程导致技术本身的迅速变化，该数据库采用了基于关键因子筛选与替换的混合生命周期清单法（Hong et al.，2015），对数据库的代表性、区域与技术的适应性进行了提升。目前该数据库拥有我国3 640个单元流程，覆盖了我国典型重点工业行业及其典型产品（煤电、原铝与再生铝、钢材、铜、铅、锌、天然气、蒸汽、稀土、水泥、造纸、化肥、氯碱、太阳能、焦炭、糠醛、玻璃、生物柴油、化纤、石灰石、硝酸、硫酸、褐煤等）、部分固体废弃物（城市生活垃圾、工业危废、电子垃圾、下水污泥、秸秆、难降解有机物污染土壤、钻井固废、餐厨垃圾等）处置与资源化利用、城市污水处置、陆地运输等生命周期清单。该数据库中大部分清单都已经过国际同行评定，并发表在环境管理领域国际权威的SCI期刊上。

4.1.3 生命周期环境影响评价

4.1.3.1 分类

将从清单分析得来的数据归到不同的环境影响类型。依据前文构建的生命清单特征，进行了各自的中间点环境影响类别及终点影响类别（即人类健康损害、环境污染物排放、土地生态损害与资源耗竭）归类，旨在构建符合我国国情的粮食作物秸秆资源化利用的环境影响类别，如图4-5所示。

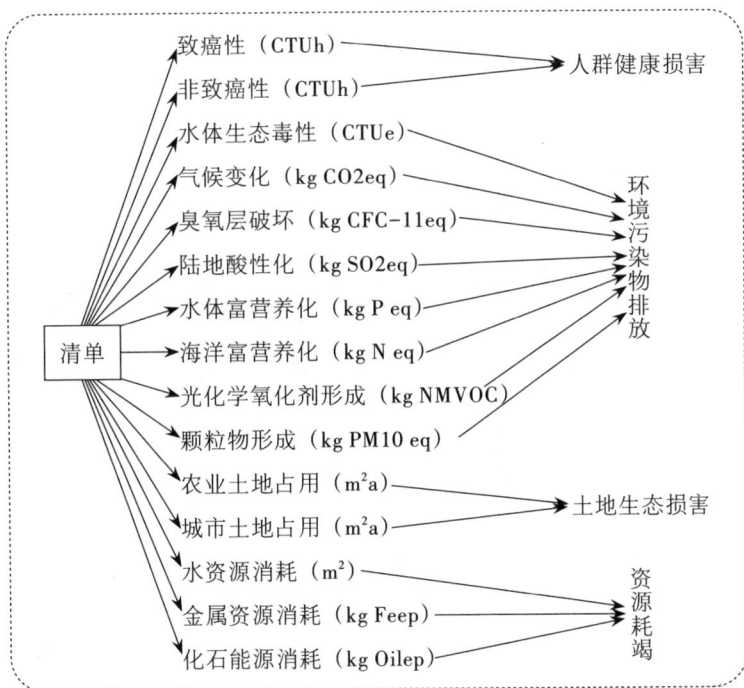

图4-5　生命周期环境影响分类

4.1.3.2 特征化方法的筛选

从发生作用的空间尺度上看，生命周期环境影响特征化评价过程中所含影响类别可归类为如下三种，即全球性、区域性和局地性影响。同臭氧层破坏、地球温暖化、酸性化等全球性或区域性影响类别不同，生态/人类毒性影响类别为局地性影响类别，在不同研究中统一性较差。当前，欧美日等地区都各自建立了具有局地信息的特征化评价模型，而我国在此方面的研究较为匮乏（王玉涛，2016）。

本研究通过对粮食作物秸秆资源化利用的生命周期环境影响评价的特征化方法的筛选，拟在前述环境效应机制针对生命周期清单的环境影响进行归类的基础上进行。具体步骤如下：

（1）利用多种国际上常见的不同生命周期影响评价方法

例如，Eco-indicator 99（Goedkoop，1999）、EPS2000（Steen B，1999）、CML（Guinee et al.，2001；Huijbregts M，1990-1995；Wegener Sleeswijk et al.，2000）、Impact2002+（Jolliet O et al.，2003）、EDIP2003（Hauschild J P O M，2004）、TRACI（USEPA，2008）、BEES+（NIST，2008）、ReCiPe2008（Goedkoop M et al.，2009）、ILCD（European Commission，2012）、EPD2013（SEMC，2013）等对粮食作物秸秆资源化利用的环境负荷进行定量。通过比较舍弃缺失、过低或过高特征影响因子法，来筛选出适合我国粮食作物秸秆资源化利用的特征化评价方法。其中，ReCiPe法包括18种影响类别，即气候变化、臭氧层消耗、人类毒性、光化学氧化形成、颗粒物形成、电离辐射、陆地酸性化、淡水富营养化、海水富营养化、陆地生态毒性、淡水生态毒性、海洋生态毒性、农业土地占用、城市土地占用、自然土地转变、水资源消耗、金属消耗以及化石燃料的消耗；IMPACT2002+方法包含了15种影响类别，包括致癌、非致癌、可吸入无机、电离辐射、臭氧层消耗、可吸入有机、水体生态毒性、陆地生态毒性、陆地酸性化、土地占用、水体酸性化、水体富营养化、全球变暖、不可再生能源和矿物开采；TRACI（Bare et al.，2003）法包含了9种影响类别，包括全球变暖、酸性化、致癌性、非致癌性、呼吸性影响、富营养化、臭氧层消耗、生态毒性和烟雾；CML方法包含了10种影响类别，包括非生物消耗、酸性化、富营养化、全球变暖、臭氧层消耗、人类毒性、水体生态毒性、海洋生态毒性、陆地生态毒性和光化学氧化形成；Eco-indicator 99包括10种影响类别，即致癌、可吸入无机、可吸入有机、地球温暖化、土地占用、化石能源使用、矿产资源使用、生态毒性、辐射与臭氧层消耗；EDIP2003包括19种影响类别，即地球变暖、臭氧层消耗、臭氧形成（植被）、臭氧形成（人类）、酸性化、陆地富营养化、水体富营养化（N）、水体富营养化（P）、人类毒性（空气）、人类毒性（水）、人类毒性（土壤）、生态毒性（水急性）、生态毒性（水慢性）、生态毒性（土壤慢性）、危废、废渣、大宗废料、核废料与资源；EPD2013包括5种影响类别，即臭氧层消耗、酸性化、富营养化、全球变暖与非生物资源消耗；EPS2000包括13种影响类别，即预期寿命、重症发病率、一般发病率、严重妨碍、一般妨碍、作物生长能力、木材生长能力、鱼肉制造、土壤酸性化、灌溉用水、饮用水、储备消耗与物种灭绝；ILCD包括16种影响类别，即臭氧层消耗、地球温暖化、致癌、非致癌、颗粒物形成、离子辐射HH、离子辐射E、光化学臭氧形成、酸性化、陆地富营养化、水体富营养化、海洋富营养化、水体生态毒性、土地占用、水资源消耗和资源消耗；BEES+包括14种影响类别，即地球温暖化、酸性化、臭氧层消耗、致癌、非致癌、空气污染物、烟雾、富营养化、生态毒性、自然资源消耗、室内空气质量、栖息地变更、水摄入和臭氧层消耗。

（2）评价方法替换

针对上述不同方法中受地域因素影响较大的、统一性较差的致癌、非致癌、生态毒性影响类别，采用Li et al.（2016）和Zhang et al.（2016）构建的本土化致癌、非致癌、生态毒性影响评价方法进行替换。该方法是基于我国各省（自治区、直辖市）中的环境、地理、人口与食品摄入条件，针对3 000余种常见化学物质，利用非平衡、稳态、流动条件下的多介质逸度模型、暴露评价、剂量-反应模型与毒理学数据进行的构建（Li et al.，2016；Zhang et al.，2016）。采用该方法可以有效地减轻欧美等地域因素对我国产品、过程或活动的生命周期环境影响特征化评价结果的影响。最后，执行LCA分析，用以验证关键污染源是否有变动。若有新的关键污染源出现，则再次进行修正，直至无新的关键污染源出现为止，进而形成适合我国国情的粮食作物秸秆资源化利用的LCA特征化评价模型。

4.1.3.3 归一化

由于粮食作物秸秆资源化利用过程中环境影响因素有许多种，除资源消耗、能源消耗、废气、废水、废渣外，还有温室气体效应、酸雨、有机挥发物、区域毒性、噪声、电磁波污染、光污染等，每一种影响因素的计量单位都不相同。为实现量化，确定不同影响类型的贡献大小，对编目分析和表征结果数据采用加权或分级的方法进行处理，以简化评价过程，使评价结果一目了然。

4.1.4 结果解释

对粮食作物秸秆资源化利用过程环境影响评价结果做出分析解释，识别出粮食作物秸秆资源化利用技术的薄弱环节和潜在改善机会，为达到粮食作物秸秆资源化利用方式和处置技术的生态最优化目的提出改进建议。

4.2 LCC模型

4.2.1 生命周期成本分析过程模型

本书比拟粮食作物秸秆资源化利用系统的生命周期环境评价模型，建立了粮食作物秸秆资源化利用系统的生命周期成本分析过程模型，生命周期成本分析过程模型如图4-6所示。

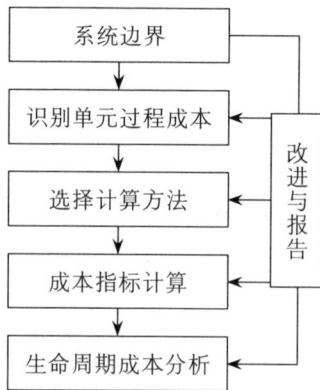

图4-6 生命周期成本分析过程模型

第一步是系统边界的确定。生命周期成本的系统边界与粮食作物秸秆资源化利用系统的生命周期环境评价的系统边界保持一致。第二步是识别粮食作物秸秆资源化利用系统的生命周期各个单元过程的成本。追踪生命周期各个单元的物质流和能量流对应的货币流。第三步是选择成本计算方法。选择恰当的计算方法以便于进行生命周期各个单元过程的成本计算。第四步是计算生命周期各个单元过程的成本指标。第五步是生命周期成本分析。利用敏感性分析、关键流程分析等方法对粮食作物秸秆资源化利用系统的经济性进行分析。第六步是通过不断重复上述五个步骤，通过试错改进评价结果并形成报告。

分配程序是生命周期环境评价方法中讨论最多的问题。生命周期成本分析，因其评价内容与生命周期环境评价有着本质的不同，所以共生产品可以用国际标准化组织建议的经济价值分配法，也就是直接用市场价值进行分配。

本书对于生命周期成本的主要组成部分的选择如下：一是市场成本作为成本类型，包括各种税收和补贴；二是以成本模型为静态模型；三是成本指标采用静态年平均成本。

4.2.2　生命周期成本计算模型

本研究采用生命周期成本分析法对粮食作物秸秆资源化利用的整个生命周期系统（包括秸秆收集、运输、加工、废弃物处置等）所产生的所有成本进行量化汇总。不同于生命周期环境评价，生命周期成本考虑的是所研究的流程中的经济影响而不是环境影响。

对于任意的粮食作物秸秆资源化利用方式的任意单元过程 U，其生命周期成本（LCC_T^U，元/吨）主要由设计成本（C_1^U，元/吨）、生产成本（C_2^U，元/吨）、期间费用（C_3^U，元/吨）、处置成本（C_4^U，元/吨）组成，其计算公式为：

$$LCC_T^U = C_1^U + C_2^U + C_3^U + C_4^U \tag{4-1}$$

粮食作物秸秆资源化利用的生命周期成本的构成如图 4-7 所示。可以看到常规产品分析系统中的使用成本不包括在本书研究范围内。这是因为本书设定的粮食作物秸秆资源化利用的系统边界不包括产品的使用阶段。

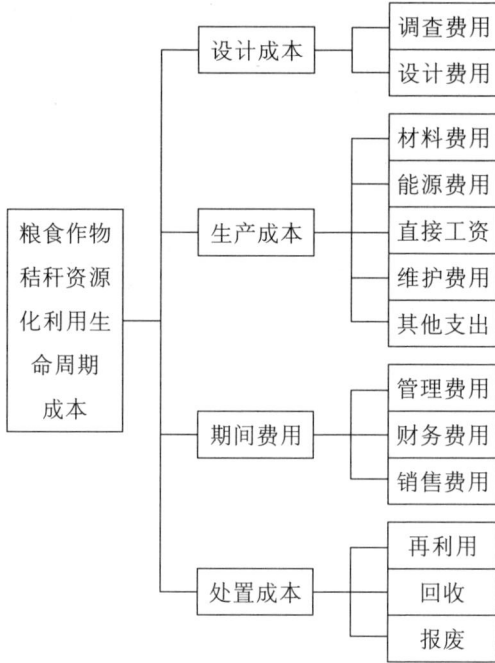

图4-7　生命周期成本构成

（1）设计成本

设计成本即产品开始生产前所消耗的费用，包括调查、设计、鉴定和试制等费用。本模型考虑粮食作物秸秆资源化利用过程的调查和设计两个主要过程所产生的费用，可按下式计算：

$$C_1^U = (C_{1S}^U + C_{1D}^U) / Y^U * T_M^U \tag{4-2}$$

式中：C_{1S}^U——调查费用，元；C_{1D}^U——设计费用，元；Y^U——粮食作物秸秆资源化利用设施的使用年限，年；T_M^U——每年粮食作物秸秆处理量，吨/年。

若设计成本数据不易获得，可按总投资额的1.5%估算。

（2）生产成本

生产成本为粮食作物秸秆资源化利用过程实际发生的费用，计算公式为：

$$C_2^U = (C_{2M}^U + C_{2E}^U + C_{2W}^U + C_{2D}^U + C_{10}^U)/T_M^U \tag{4-3}$$

式中：C_{2M}^U——材料费用，元/年；C_{2E}^U——能源费用，元/年；C_{2W}^U——直接工资，元/年；C_{2D}^U——维护费用，元/年；C_{10}^U——其他支出，元/年。

（3）期间费用

期间费用的计算公式为：

$$C_3^U = (C_{3M}^U + C_{3F}^U + C_{3S}^U + C_{2D}^U + C_{10}^U)/T_M^U \tag{4-4}$$

式中：C_{3M}^U——管理费用，元/年；C_{3F}^U——财务费用，元/年；C_{3S}^U——销售费用，元/年。

（4）处置成本

处置成本为粮食作物秸秆资源化利用单元超出服务期后，进行拆卸和报废所消耗的费用，及再利用与回收产生的收益，即残值。本书假设残值与报废相等，因此处置成本为零。

根据以上单元过程的成本计算结果，可以得到粮食作物秸秆资源化利用系统的成本计算模型。假设粮食作物秸秆资源化利用系统由n个单元过程组成，则该系统的生命周期成本计算模型为：

$$LCC_T = \sum LCC_T^U \tag{4-5}$$

4.3 LCA与LCC的综合评价模型构建

4.3.1 LCA与LCC的综合评价过程模型

关于生命周期环境与经济集成有两种思路。一种是在生命周期环境评价（LCA）系统中融入生命周期成本（LCC）的各项功能，另一种是在生命周期成本分析系统中融入依据生命周期环境评价数据计算出来的环境成本。前一种集成方法需要与生命周期环境评价数据库相匹配的生命周期成本数据库，但是由于目前国内还没有相应的生命周期成本数据库，技术上难以实现。所以本书采用后一种集成方法，把依据生命周期环境评价数据计算出来的环境成本融入到生命周期成本分析系统中。为此，首先建立粮食作物秸秆资源化利用环境与经济集成评价过程模型，如图4-8所示。

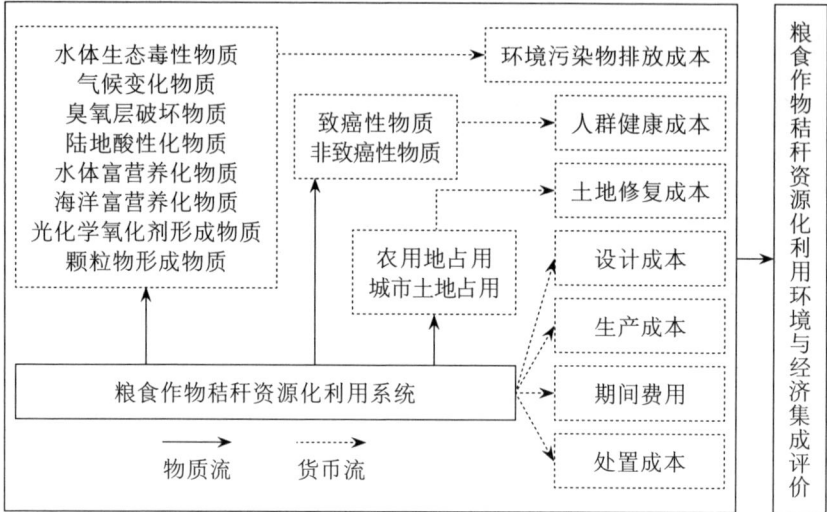

图4-8　生命周期环境与经济综合评价过程模型

4.3.2　基于LCA的环境成本计算模型

粮食作物秸秆资源化利用的整个生命周期系统的环境成本包括污染物排放成本（污染物排放到环境中的实际环境收费）、土地修复成本与人群健康成本。

为有效地预测温室气体、氨氮、砷、镉、铬、化学耗氧量、铅、汞、氮氧化物、颗粒物、二氧化硫和氨氮排放的经济性影响，碳素税与我国各地区实际排污收费也被考虑在内，见表4-1。此外，依据国家发展和改革委员会、财政部、原环境保护部颁布的《关于调整排污费征收标准等有关问题的通知》（发改价格〔2014〕2008号）规定，每吨冶炼渣、粉煤灰、炉渣、煤矸石、尾矿、其他渣（含半固态、液态废物）和危废处置费用分别为25元、30元、25元、5元、15元、25元和1 000元。

土地生态修复与人群健康成本均基于支付意愿法进行的核算，结合中国统计年鉴（2015）中的门诊人均药费、检查费、其他门诊费用、出院人数、出院患者平均住院医疗费用、门诊人次数、门诊病人次均医疗

表4-1　　　　　　　　　部分省市排污收费征收标准　　　　　　　　单位：元/kg

	北京	河北	江苏	内蒙古	山东	山西	上海	天津
氨氮	12	2.8	4.2	1.4	1.4	1.4	3	9.5
砷	1.4	2.8	4.2	1.4	1.4	1.4	1.4	1.4
镉	1.4	2.8	4.2	1.4	1.4	1.4	1.4	1.4
铬	1.4	2.8	4.2	1.4	1.4	1.4	1.4	1.4
化学耗氧量	10	2.8	4.2	1.4	1.4	1.4	3	7.5
铅	1.4	2.8	4.2	1.4	1.4	1.4	1.4	1.4
汞	1.4	2.8	4.2	1.4	1.4	1.4	1.4	1.4
氮氧化物	10	2.4	3.6	0.6	3	1.2	4	8.5
颗粒物	3.5	0.4	3.6	0.6	0.9	1.8	0.6	2.75
二氧化硫	10	2.4	3.6	1.2	3	1.2	4	6.3
二氧化碳	9.54E-3	9.54E-3	9.54E-3	9.54E-3	9.54E-3	9.54E-3	9.54E-3	9.54E-3
氨氮	12	2.8	4.2	1.4	1.4	1.4	3	9.5

费等数据求解的健康与生态经济影响量化用特征因子系数如表4-2所示。表4-2中生态修复的经济影响量化用特征因子系数，是由单位面积为生态补偿愿意支付的费用乘以与选定年份的国内生产总值和参照年份的国内生产总值的比值而得，单位面积为生态补偿愿意支付的费用采用2015年江苏实施的流域生态补偿值（1.25×10^{-2}元/m²）为基准值；表4-2中人群健康（癌症）的经济影响量化用特征因子系数，是由减少因污染造成的早死所愿意支付的费用（统计生命价值）乘以与选定年份的国内生产总值和参照年份的国内生产总值的比值而得，减少因污染造成的早死所愿意支付的费用（统计生命价值）采用2010年度世界银行组织针对我国2000年度江苏丹阳、贵州六盘水和天津地区的统计生命价值（VOSL）79.5万元/case为基准值。表4-2中人群健康（非癌症）的经济影响量化用特征因子系数，是由人均社会费用、人均政府费用、人均门诊费用、人均住院费用加总而得，数据来源于2015年中国统计年鉴。

表4-2　　各地健康与生态修复的经济影响量化用特征因子系数

地区	土地生态修复成本 单位：元/m²	健康经济成本-癌症 单位：元/case	健康经济成本-非癌症 单位：元/case
安徽	5.27E-3	2 728 902	11 569.43
北京	1.53E-2	7 926 698	33 605.95
福建	9.71 E-3	5 031 485	21 331.43
甘肃	4.04 E-3	2 095 369	8 883.505
广东	9.71 E-3	5 031 247	21 330.43
广西	5.06 E-3	2 623 076	11 120.76
贵州	4.04 E-3	2 095 686	8 884.849
海南	5.95 E-3	3 085 542	13 081.43
河北	6.12 E-3	3 169 569	13 437.67
河南	5.67 E-3	2 938 732	12 459.02
黑龙江	6.0 E-3	3 109 482	13 182.93
湖北	7.21 E-3	3 737 229	15 844.32
湖南	6.16 E-3	3 192 320	13 534.13
吉林	7.67E-3	3 976 230	16 857.59
江苏	1.25E-2	6 490 229	27 515.91
江西	5.3E-3	2 748 641	11 653.11
辽宁	9.97E-3	5 168 545	21 912.51
内蒙古	1.09E-2	5 631 883	23 876.88
宁夏	6.40E-3	3 316 221	14 059.42
青海	6.07E-3	3 144 758	13 332.48
山东	9.31 E-3	4 825 936	20 459.99
山西	5.36 E-3	2 780 032	11 786.2
陕西	7.18 E-3	3 720 106	15 771.72

续表

地区	土地生态修复成本 单位：元/m²	健康经济成本-癌症 单位：元/case	健康经济成本-非癌症 单位：元/case
上海	1.49 E-2	7 718 612	32 723.75
四川	5.37 E-3	2 784 630	11 805.69
天津	1.61 E-2	8 341 761	35 365.64
西藏	4.47 E-3	2 318 834	9 830.904
新疆	6.22 E-3	3 222 205	13 660.83
云南	4.17 E-3	2 161 243	9 162.784
浙江	1.11 E-2	5 786 937	24 534.24
重庆	7.32 E-3	3 793 115	16 081.25

对于任意的粮食作物秸秆资源化利用方式的任意单元过程U，其环境成本（LCC_E^U，元/吨）主要由污染排放成本（LCC_{PD}^U，元/吨）、土地生态修复成本（LCC_{ECO}^U，元/吨）、人群健康成本（LCC_{HT}^U，元/吨）组成，其计算公式为：

$$LCC_E^U = LCC_{PD}^U + LCC_{ECO}^U + LCC_{HT}^U \tag{4-6}$$

（1）污染排放成本

本书的粮食作物秸秆资源化处置任意单元的污染排放成本（LCC_{PD}^U，元/吨），由其单元内处置每吨粮食作物秸秆所排放污染物质的种类、数量以及碳素税、政府污染排放收费，计算而得。

$$LCC_{PD}^U = \sum T_{I,W}^U \times T_C^U \tag{4-7}$$

式中：T_W^U——处置每吨秸秆所排放污染物的排放量，kg/t；T_C^U——单位排放量的碳素税或排污收费，元/kg；I——污染物排放种类。

（2）土地生态修复成本

土地生态修复成本计算公式为：

$$LCC_{ECO}^U = ECO_{Re} \times (GDPy_{,R}/GDPref_{,R}) \times T_{ED} \tag{4-8}$$

式中：ECO_{Re}——单位面积生态补偿愿意支付的费用，元/m²；

GDPy——选定年份的国内生产总值，元/年；GDPref——参照年份的国内生产总值，元/年；R——地区；T_{ED}——处置每吨秸秆所造成的土地生态损害面积，m^2/t。

本研究采用2015年度江苏实施的流域生态补偿值（$1.25×10^{-2}$元/m^2）为基准值进行计算。

（3）人群健康成本

人群健康成本计算公式为：

$$LCC_{HT}^{U} = [VOSL×(GDPy,_R/GDPref,_R) + (Sc+Gc+Oc+Hc)] /T_{HT} \qquad (4-9)$$

式中：VOSL——统计生命价值，元/case；Sc——人均社会费用，元/case；Gc——人均政府费用，元/case；Oc——人均门诊费用，元/case；Hc——人均住院费用，元/case；T_{HT}——处置每吨秸秆所造成的人群健康损害case，case /t。

根据以上单元过程的成本计算结果，可以得到粮食作物秸秆资源化利用系统的环境成本计算模型。假设粮食作物秸秆资源化利用系统由n个单元过程组成，则该系统的生命周期环境成本计算模型为：

$$LCC_E=\sum LCC_E^{U} \qquad (4-10)$$

4.3.3　基于LCA与LCC的综合评价计算模型

国际标准化组织（ISO，2006）明确提出，如果评价结果是面向公众的，在使用生命周期方法时应避免或减少使用权重。由于本研究的研究结果是面向公众的，为避免和减少主观因素的影响，本研究不采用利用层次分析法确定环境属性和经济属性的权重，进而利用归一化法进行归一化，再在这个基础上利用其他方法进行集成综合评价的方法，而是采用多目标单目标化的方法进行集成综合评价，即通过生命周期环境影响货币化的环境成本与生命周期成本进行集成综合。粮食作物秸秆资源化利用的生命周期环境与经济综合评价计算模型为：

$$C_{LCA-LCC}= LCC_T+ LCC_E \qquad (4-11)$$

式中：$C_{LCA-LCC}$——处置每吨秸秆的生命周期总成本，元/吨；LCC_T——处置每吨秸秆的生命周期成本，元/吨；LCC_E——处置每吨秸秆的生命周期环境成本，元/吨。

4.4 本章小结

粮食作物秸秆资源化利用不仅需要考量其环境性，还要考量其经济性。本章基于生命周期的视角，对粮食作物秸秆资源化利用的环境评价模型与经济分析模型进行了研究构建。本章的研究结果如下：

(1)确立了采用企业生产的原始数据与 CPLCID 数据库相结合的方式，构建适合我国国情的粮食作物秸秆资源化利用生命周期清单。

(2)提出了适合我国国情的粮食作物秸秆资源化利用的生命周期环境影响评价技术。

(3)明确了适合我国国情的粮食作物秸秆资源化利用的生命周期成本评价指标与特征因子。

(4)建立了本土化粮食作物秸秆资源化利用生命周期环境评价模型和生命周期成本模型，并在此基础上构建了 LCA 与 LCC 的综合评价模型。

第5章 基于LCA的粮食作物秸秆资源化利用评价

秸秆焚烧（Yan et al., 2006; Zhang et al., 2008; Zhang et al., 2011）与其资源化利用研究（Liang et al., 2012; Liu et al., 2012）最近在我国被广泛地开展。然而，很少有在国家层面上的秸秆焚烧的环境负荷分析，并且缺乏各种常见的秸秆资源化利用技术的环境与经济影响比较分析。目前，我国政府高度重视解决秸秆焚烧污染防控工作，从2014年4月开始，在全国范围内开始禁止秸秆焚烧。因此，为了解、控制和预测秸秆焚烧潜在的环境影响，设计粮食作物秸秆可持续资源化利用方案，急需对粮食作物秸秆焚烧和资源化利用过程中产生的环境负荷进行量化分析评价。

2005—2014年期间，三大主要粮食作物秸秆的总产量的年增长率为2.9%。其中玉米、稻谷、小麦的秸秆产量的年增长率分别为9.6%、1.5%和1.7%。由于玉米秸秆的资源量最高、增长率最快、具有代表性，因此本章的实证研究中将以玉米秸秆的资源化利用为例进行实证评价。本章采用第 4 章中构建的适合我国国情的粮食作物秸秆资源化利用生命周期清单模型、本土化生命周期环境影响评价技术，针对玉米秸秆露天焚烧与其资源化利用过程中产生的环境影响开展实证评价。

5.1　LCA的功能单位与系统边界

5.1.1　LCA 的研究目的

本研究目的在于为决策者提供有用的信息、获取互补的环境数据、减少露天玉米秸秆焚烧产生的污染、量化秸秆制品的环境负荷、识别引发环境负荷的关键节点、提升秸秆利用效率的玉米秸秆绿色资源化利用途径。

5.1.2　LCA 的功能单位

功能单位是量化露天玉米秸秆焚烧与资源化利用系统性能的基准单位。本研究选取 1 吨收集的玉米秸秆为功能单位，所有流程中的原辅料投入、能源与资源投入、运输、废弃物产生与处置都是基于该功能单位进行的换算。

5.1.3　LCA 的系统边界

本研究的系统边界如图 5-1 所示，采用的是从"门口到门口"的评估方法，即将包括玉米秸秆收集、运输、玉米秸秆加工、废水处置、固废再利用与产品的替代过程中所需的所有物料、能源、水、土地、矿产、运输、污染物排放与处置等环节纳入评价范围。我国玉米秸秆露天焚烧与六种常见的秸秆资源化利用技术（即秸秆还田、堆肥、饲料、沼气、发电与纤维素乙醇）被纳入该系统边界中。

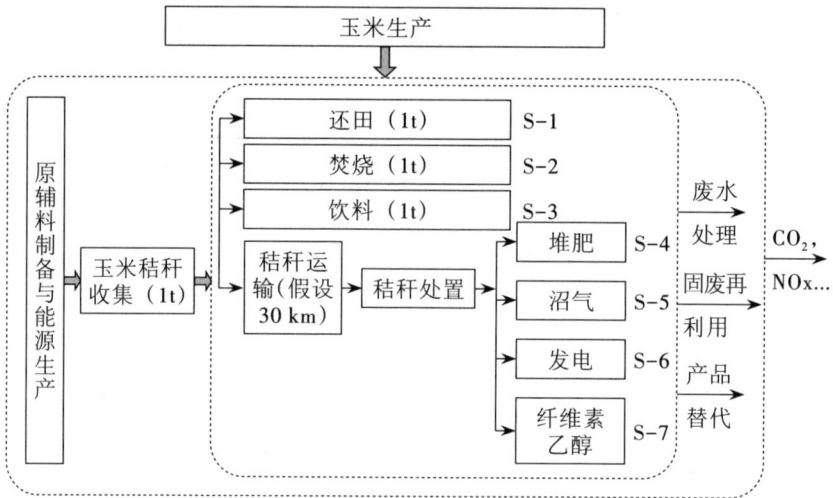

图5-1 玉米秸秆资源化利用LCA系统边界

5.2 生命周期清单

5.2.1 数据来源

本章生命周期环境评价的表层清单即玉米秸秆露天焚烧、还田、饲料、堆肥、制沼气、发电、制纤维素乙醇等生产的数据均来自企业原始数据与文献调研（Cao et al., 2007; Zhang et al., 2011; Li, 2011; Chang et al., 2012; Wang et al., 2008; Jiang et al., 2011; Zhao et al., 2010）。关于运输、水、柴油、乙醇、肥料、煤电、天然气、蒸汽、氢氧化钠、玉米饲料、尿素、废水处置、固废填埋等背景清单数据均来自于中国生命周期清单基础数据库（Chinese Process-based Life Cycle Inventory Database，CPLCID），该数据库中大部分清单都经过国际同行评审，发表在 Energy、International Journal of Life Cycle Assessment、Waste Management、Journal of Cleaner Production、Fuel、Energy、Water Research、Renewable & Sustainable Energy Reviews 等国际著名的SCI收录期刊上。针对CPLCID数据库中缺乏的酶、脱硫剂、营养剂的生产数据，均取至欧洲的 Ecoinvent 数据库并采用 CPLCID 数据库中的运输、

水、煤电、废水处置、固废填埋等数据进行了替代，使之更符合中国的国情。

5.2.2 清单

依据第4章4.1.2节所示模型及方法构建本土化玉米秸秆露天焚烧与玉米秸秆还田、饲料、堆肥、制沼气、制纤维素乙醇、发电六种常见的秸秆资源化利用技术的生命周期清单，见表5-1。

表5-1 　　　　　玉米秸秆资源化利用技术的生命周期清单

		单位	焚烧	还田	饲料	堆肥	沼气	纤维素乙醇	发电
原辅料与能源消耗	水	m³				1.8	15.4	4.4	3.8
	柴油	L	0.4	22.1	0.4	2.9	0.4	0.4	0.4
	电	kWh			39.3	68.9	56.0	76.9	21.0
	酶	kg						230.8	
	营养剂	kg				4	91.0		
	动物粪便	t				0.6			
	氢氧化钠	kg					18.0		
	脱硫剂	kg					27.38		
	尿素	kg		35			15		
产品替代	肥料	kg	0.05	2.82×10³		680	27.6	14.7	0.1
	天然气	m³					266.7		
	玉米饲料	t			0.5				
	电力	kWh							1.01×10³
	乙醇	kg						153.8	
秸秆运输		tkm				50.4	57.8	61.8	50.4
废水		m³						0.2	0.8
固废		t	0.05				0.9	4.6E-3	0.1

续表

	单位	焚烧	还田	饲料	堆肥	沼气	纤维素乙醇	发电
一氧化碳	kg	70.2						70.2
氨	kg				6.2			
甲烷	kg	1.8			2.2			1.8
氮氧化物	kg	3.4					$5.4×10^{-2}$	2.7
一氧化二氮	kg				1.0			
二氧化硫	kg	2.7					$7.8×10^{-2}$	2.7
颗粒物	kg	5.3					$1.3×10^{-2}$	0.2
萘	g	0.3						$1.0×10^{-2}$
苊	g	0.2						$8.3×10^{-3}$
芴	g	0.02						$8.8×10^{-4}$
菲	g	0.01						$4.4×10^{-4}$
荧蒽	g	0.02						$8.8×10^{-4}$
芘	g	0.01						$4.4×10^{-4}$
苯并［a］蒽	g	0.01						$4.4×10^{-4}$
屈	g	0.02						$8.8×10^{-4}$
苯并［k］荧蒽	g	0.01						$4.4×10^{-4}$
苯并［G，H，I］芘	g	0.03						$1.3×10^{-3}$
茚并［1，2，3-cd］芘	g	0.05						$2.2×10^{-3}$

(大气污染物)

5.3 环境影响评价

5.3.1 模型筛选

为筛选出适合我国玉米秸秆资源化利用的生命周期环境影响评价模

型，本研究针对当前国际上被广泛采用的 ReCiPe、Impact2002+和 Eco-indicator 99 模型的评价结果进行了对比，其对比结果如图5-2、图5-3、图5-4所示。由于上述各种模型中所含的中间点环境影响类别与单位不同，本研究首先在当前国际上被广泛应用的十种模型中即 Eco-indicator 99 （Goedkoop，1999）、EPS2000 （Steen B，1999）、CML （Guinee et al.，2001；Huijbregts M，1990-1995；Wegener Sleeswijk et al.，2000）、Impact2002+ （Jolliet O et al.，2003）、EDIP2003 （Hauschild J P O M，2004）、TRACI （USEPA，2008）、BEES+ （NIST，2008）、ReCiPe2008 （Goedkoop M et al.，2009）、ILCD （European Commission，2012）、EPD2013 （SEMC，2013），采用终点评价法即损伤评价法的归一化值汇总对比的方式进行了筛选。这里需要着重指出，与 ReCiPe 和 Eco-indicator 99 模型相比，Impact2002+模型含有 4 个终点影响类别。这是因为 Impact2002+模型将温室气体排放的影响单独列出，而其他两种方法将温室气体排放的影响汇入到人群健康或生态系统影响类别当中了。因此，尽管各模型中所含影响类别不完全相同，但并不影响对整体归一化结果的判定。另外，不同模型采用的归一化参照值不同，因而在模型筛选时不对绝对的量值进行比较，仅针对趋势进行对比。

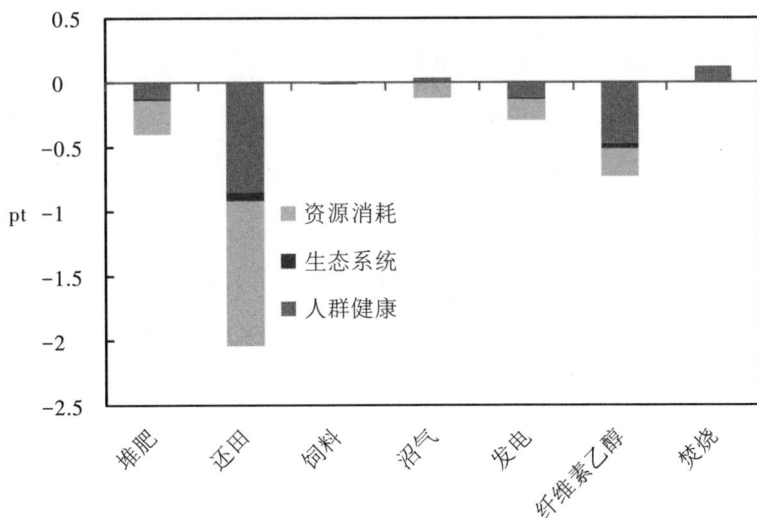

图 5-2　环境影响评价模型筛选-ReCiPe 模型

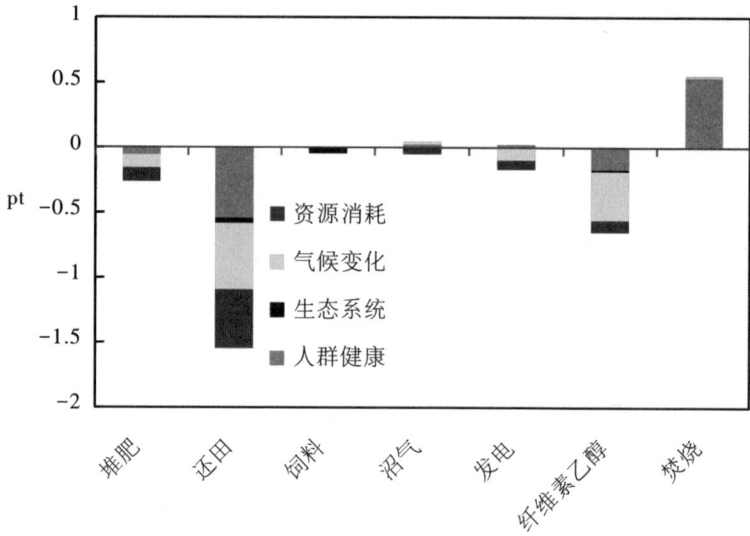

图5-3　环境影响评价模型筛选-Impact2002+ 模型

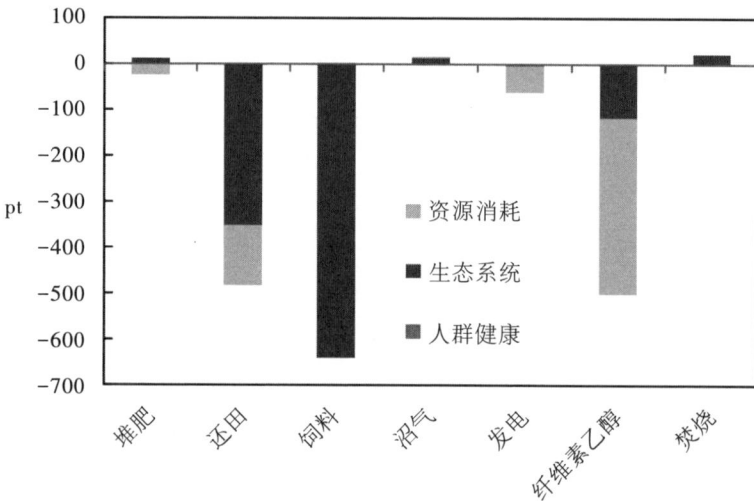

图5-4　环境影响评价模型筛选-Eco-indicator 99 （H）模型

图5-2、图5-3、图5-4的对比结果表明，采用上述三种不同方法评估的结果类同。玉米秸秆露天焚烧与制沼气工艺均有环境负荷生成，而其余工艺均有环境效益产生。玉米秸秆制沼气工艺虽然在生态系统与人群健康方面产生了环境负荷，但由于沼气产品的生成避免了天然气产品制备过程中的物料与能源的投入以及废弃物的排放，因而在资源消耗和生态系统

方面产生了相应的环境效益，尤其是在资源消耗的潜在影响方面效果更为显著。但是，与 ReCiPe 和 Impact2002+模型相比，Eco-indicator 99 模型评估结果存在明显差异。这是由于 Eco-indicator 99 模型中仅有 867 个特征当量因子，尤其是生态系统影响类别评价时所需的特征当量因子欠缺较多造成的。此外，通过 ReCiPe 和 Impact2002+模型的特征因子对比发现，ReCiPe 拥有 77 685 个特征当量因子，也远远高于 Impact2002+模型拥有的 11 788 个特征当量因子数目。因此，在后续的研究中采用了 ReCiPe 模型。另外，由于终点影响评价的误差较大（Jolliet et al.，2003），在后续的研究中将仅针对中间点环境影响进行了综合评价。

5.3.2 关键因子识别与特征因子替代

依据前文确定的功能单位、系统边界以及生命周期清单的基础上，利用筛选出的 ReCiPe 模型对玉米秸秆资源化利用生命周期进行环境影响评价，量化上述过程造成的潜在环境影响。利用归一化法对上述 LCA 评价结果进行分析，识别出包含影响类别、流程、物质与介质在内的关键污染因子，并对关键污染物的生态毒性、致癌性与非致癌性的特征当量因子进行了替代。经多次 LCA 预评估确定的替代的特征当量因子见表 5-2。最终形成包含气候变化、臭氧层消耗、致癌性、非致癌性、光化学氧化形成、颗粒物形成、陆地酸性化、淡水富营养化、海水富营养化、水体生态毒性、农业土地占用、城市土地占用、水资源消耗、金属消耗以及化石燃料的消耗。

表5-2　　　　　　　　　关键污染因子的致癌、非致癌与
生态毒性特征当量因子　　　单位：kg 1，4-DB/kg

关键污染因子	介质	致癌	非致癌	生态毒性
砷	空气	1.77E-4	9.06E-3	23 838.2
镉	空气	9.15E-5	0.018	16 195.5
铅	空气	1.09E-5	3.82E-3	711.753
汞	空气	2.81E-3	0.333	48 467.2
锑	水	—	2.40E-4	4 861.25

续表

关键污染因子	介质	致癌	非致癌	生态毒性
钡	水	—	5.89E-5	5 746.67
铍	水	1.84E-25	2.85E-6	15 931.3
钴	水	—	—	17 642.7
氯氰菊酯	土壤	—	4.35E-9	1.80E-5
硒	水	—	—	31 196.7
苊	空气	3.30E-9	5.05E-9	8.78
苊烯	空气	1.95E-9	—	—
蒽	空气	—	2.15E-9	2 180.88
苯并（a）蒽	空气	4.67E-8	1.50E-7	10 145.55
苯并（a）芘	空气	9.53E-6	—	299.22
苯并（b）荧蒽	空气	1.06E-5	—	—
苯并（ghi）苝	空气	2.70E-5	—	—
苯并（k）荧蒽	空气	6.16E-6	—	—
屈	空气	1.89E-6	—	—
二苯并（a，n）蒽	空气	1.46E-5	—	110.50
荧蒽	空气	9.99E-7	6.02E-8	1 860.10
芴	空气	5.22E-9	3.15E-8	32.43
茚苯（1，2，3-cd）芘	空气	8.95E-5	—	—
萘	空气	2.38E-7	3.27E-7	5.13
菲	空气	9.42E-9	—	438.74
芘	空气	9.09E-9	4.57E-8	10 748.08

5.3.3 环境影响评价

依据前述所做的研究，下面对玉米秸秆资源化利用进行生命周期环境影响评价。

（1）特征化与归一化

表5-3、图5-5显示的是秸秆资源化利用的生命周期环境影响中间

点评价结果。玉米秸秆制沼气工艺对致癌性、水体生态毒性、气候变化、臭氧层破坏、水体富营养化、农业/城市土地占有、水资源消耗、金属资源消耗和化石能源消耗的环境潜在影响最大；玉米秸秆堆肥技术对非致癌性、气候变化、陆地酸性化和海洋富营养化的环境潜在影响最大；玉米秸秆焚烧技术对光化学氧化剂形成和颗粒物形成的环境潜在影响最大。反之，玉米秸秆发电技术对化石能源消耗的环境潜在影响最小，而玉米秸秆制饲料技术对剩余的其他环境影响类别的环境潜在影响最小。

表5-3　玉米秸秆资源化利用的生命周期环境影响评价特征化结果

	焚烧	纤维素乙醇	发电	沼气	饲料	还田	堆肥
致癌	6.29E-04	1.61E-01	4.13E-02	1.00E+00	7.30E-03	2.38E-01	7.22E-02
非致癌	4.05E-04	3.79E-01	3.30E-01	7.06E-01	9.82E-02	1.62E-01	1.00E+00
水体生态毒性	7.46E-04	1.57E-01	4.48E-02	1.00E+00	7.29E-03	2.51E-01	8.81E-02
气候变化	1.02E-01	5.68E-01	1.79E-01	7.54E-01	9.78E-02	4.59E-01	1.00E+00
臭氧层破坏	5.96E-03	9.78E-02	2.90E-02	1.00E+00	1.22E-02	3.73E-01	4.62E-02
陆地酸性化	2.95E-01	7.29E-02	2.78E-01	1.29E-01	8.13E-03	1.02E-01	1.00E+00
水体富营养化	1.59E-04	1.35E-01	7.98E-02	1.00E+00	3.31E-03	3.32E-01	3.54E-01
海洋富营养化	1.99E-04	8.68E-02	1.91E-02	1.03E-02	6.51E-02	1.06E-01	1.00E+00
光化学氧化剂形成	1.00E+00	2.18E-01	9.54E-01	2.63E-01	1.78E-02	3.44E-01	7.10E-02
颗粒物形成	1.00E+00	7.31E-02	2.31E-01	1.07E-01	8.22E-03	1.02E-01	3.58E-01
农业土地占用	1.79E-04	1.81E-01	1.67E-02	1.00E+00	6.01E-03	4.66E-01	5.21E-02
城市土地占用	6.15E-04	4.56E-01	1.18E-02	1.00E+00	3.87E-01	2.35E-01	2.03E-01
水资源消耗	1.74E-04	2.63E-01	1.67E-01	1.00E+00	5.95E-03	4.73E-02	9.74E-02
金属资源消耗	3.26E-04	1.73E-01	5.21E-02	1.00E+00	8.86E-03	7.02E-02	1.09E-01
化石能源消耗	5.55E-03	6.99E-01	8.03E-02	1.00E+00	1.13E-01	6.79E-01	2.99E-01

　　图5-6显示的是玉米秸秆资源化利用的生命周期环境影响归一化评价结果。从图中可以看出，玉米秸秆资源化利用过程对致癌性、陆地酸性化和颗粒物形成产生的环境潜在影响较大，而对水体生态毒性、气候变化、海洋富营养化、光化学氧化剂形成和化石能源消耗产生了相对较小的潜在环境影响。另外，无产品替代时的玉米秸秆资源化利用的生命周期环境影响归一化评价结果表明，依据其环境总负荷大小排序，依次为玉米秸秆制沼气、堆肥、还田、焚烧、制纤维素乙醇、发电、饲料。

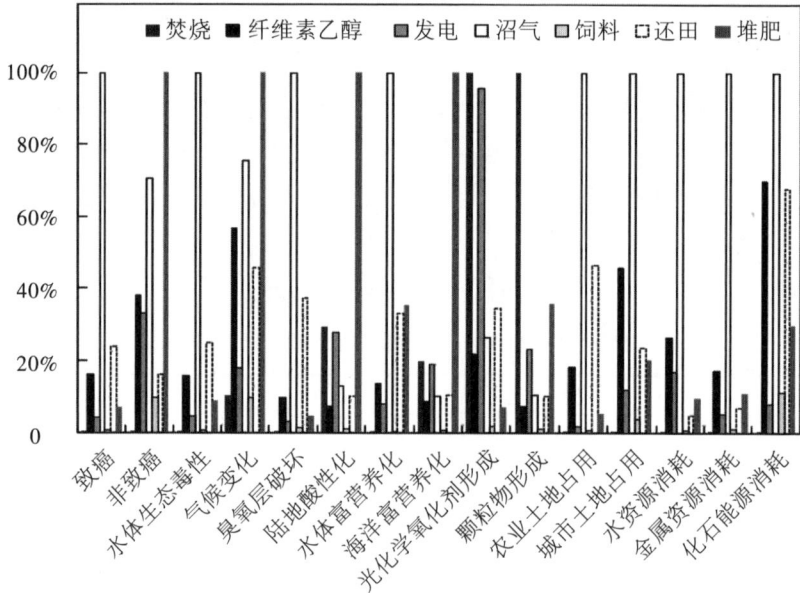

图 5-5　玉米秸秆资源化利用的生命周期环境影响评价特征化结果

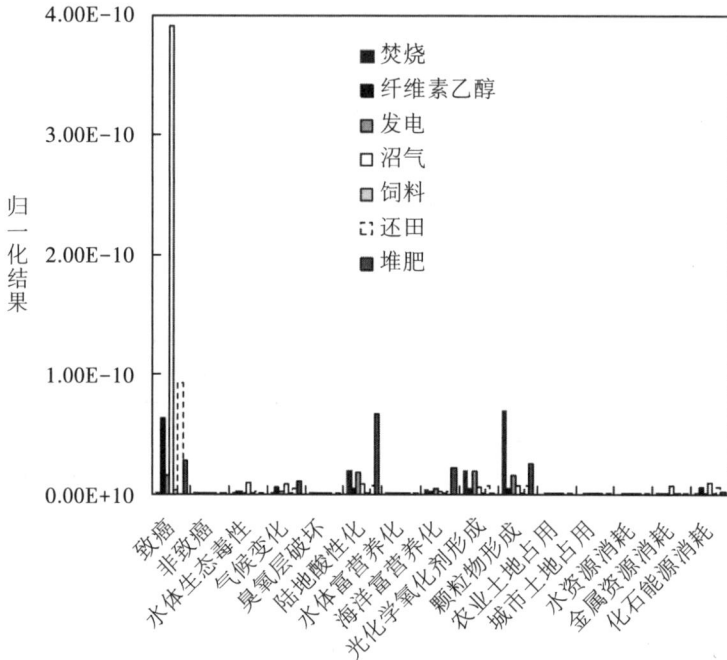

图 5-6　玉米秸秆资源化利用的生命周期环境影响评价归一化结果

（2）造成环境影响的关键物质

造成致癌性、陆地酸性化和颗粒物形成潜在环境影响的关键物质如图 5-7、图 5-8、图 5-9 所示。研究结果表明，玉米秸秆焚烧过程中直接排放的茚并（1，2，3-cd）芘与间接排放铬是产生玉米秸秆焚烧潜在致癌性环境影响的关键环节；而针对其他玉米秸秆资源化利用技术，铬是产生潜在致癌性环境影响的关键环节。以此类推，二氧化硫与氮氧化物的排放是秸秆露天焚烧、还田、发电、制纤维素乙醇、饲料、沼气制备技术产生潜在陆地酸性化环境影响的关键环节。氨排放是秸秆制肥料技术产生潜在陆地酸性化环境影响的关键环节。此外，氨排放也对秸秆制沼气过程中产生的潜在陆地酸性化环境影响起了相对较大的作用。

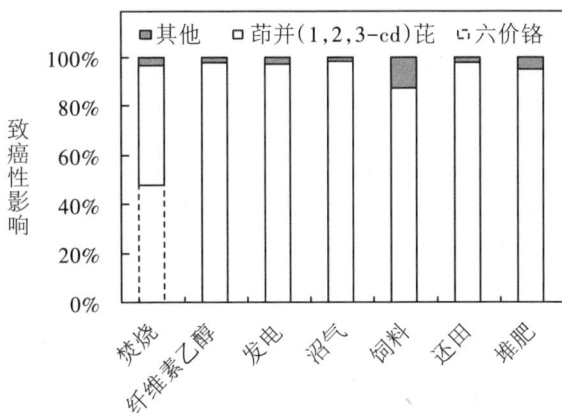

图 5-7　造成环境影响的关键物质-致癌性

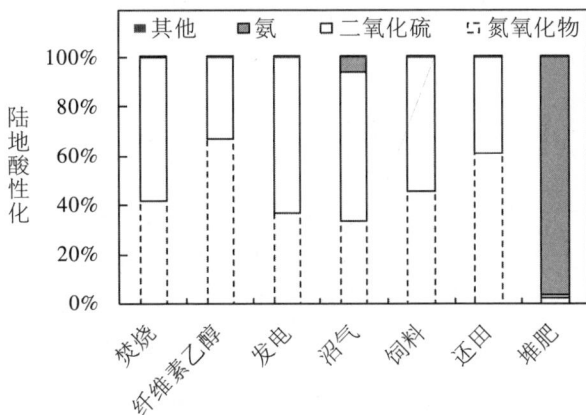

图 5-8　造成环境影响的关键物质-陆地酸性化

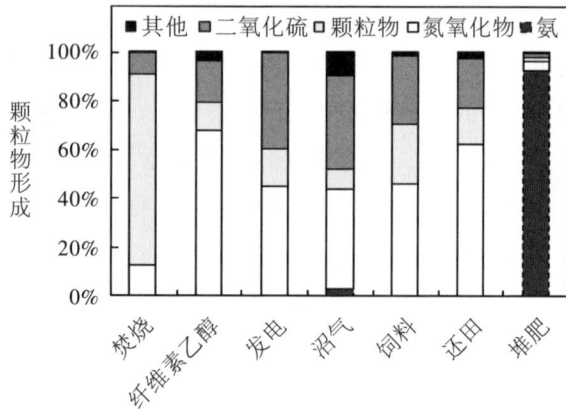

图5-9 造成环境影响的关键物质-颗粒物形成

（3）造成环境影响的关键流程

造成致癌性、陆地酸性化和颗粒物形成潜在环境影响的关键流程如图5-10、图5-11、图5-12所示。研究结果表明，玉米秸秆直接焚烧与柴油消耗是产生玉米秸秆焚烧潜在致癌性环境影响的关键流程；运输过程中的柴油消耗是产生玉米秸秆制纤维素乙醇、发电和堆肥工艺的潜在致癌性环境影响的关键流程；添加剂的消耗是产生玉米秸秆制沼气、还田和堆肥工艺的潜在致癌性环境影响的关键流程；电力的消耗是产生玉米秸秆制饲料工艺的潜在致癌性环境影响的关键流程；此外，电力的消耗对玉米秸秆发电、堆肥、制沼气工艺的潜在致癌性环境影响起了相对较大的作用；废水处置过程与酶的消耗分别对玉米秸秆发电与制纤维素乙醇工艺的潜在致癌性环境影响起了较为突出的作用。以此类推，玉米秸秆直接排放是产生玉米秸秆焚烧、发电和堆肥工艺的潜在陆地酸性化和颗粒物形成环境影响的关键流程；添加剂的消耗是产生玉米秸秆制沼气和还田工艺的潜在陆地酸性化和颗粒物形成环境影响的关键流程；与潜在致癌性环境影响类同，电力的消耗是产生玉米秸秆制饲料工艺的潜在陆地酸性化环境影响的关键流程；并且，电力的消耗对玉米秸秆制纤维素乙醇和沼气工艺的潜在陆地酸性化和颗粒物形成环境影响起了相对较大的作用。此外，运输过程中的柴油消耗对玉米秸秆制纤维素乙醇的潜在陆地酸性化和颗粒物形成环境影响作用大。

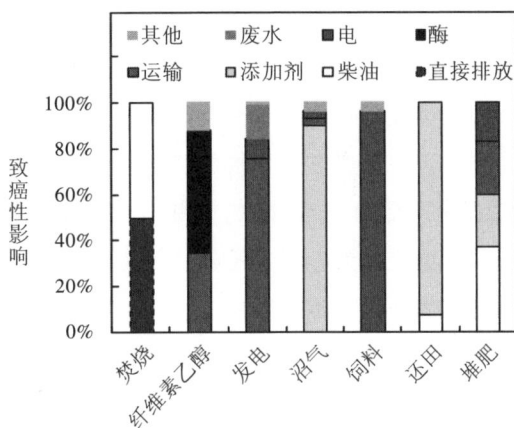

图 5-10　造成环境影响的关键流程——致癌性

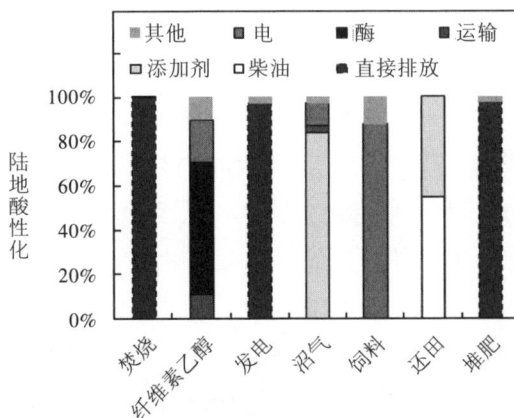

图 5-11　造成环境影响的关键流程——陆地酸性化

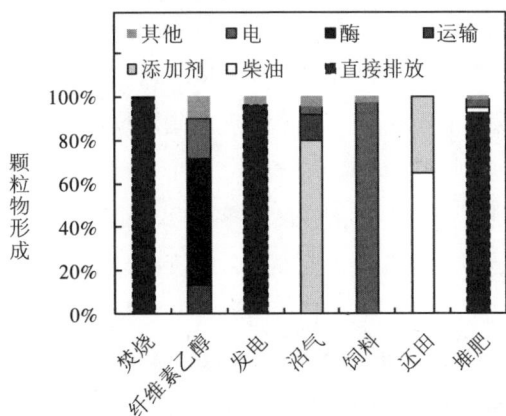

图 5-12　造成环境影响的关键流程——颗粒物形成

以上研究系统地量化了玉米秸秆露天焚烧与六种常见的玉米秸秆资源化利用技术（即秸秆还田、堆肥、饲料、沼气、发电与纤维素乙醇）的净潜在环境影响大小及其关键环节。由于在玉米秸秆资源化利用过程中可产生肥料、饲料、生物燃气、生物能与生物乙醇。这些产品可用于替代传统的玉米饲料、天然气、乙醇、煤电、人工合成化肥等产品，因而可减少因制备玉米饲料、天然气、乙醇、煤电、玉米秸秆露天焚烧与六种常见的秸秆资源化利用技术（即秸秆还田、堆肥、饲料、沼气、发电与纤维素乙醇）产生的能耗、物耗与直接排放，进而对其产生的潜在环境负荷进行抵消。因此，为系统地识别玉米秸秆资源化利用最优技术，本书进一步探讨了产品替代情景下上述玉米秸秆资源化利用技术的生命周期环境影响。

（4）产品替代时秸秆资源化利用的生命周期环境影响中间点评价结果

针对产品替代情况下的上述六种玉米秸秆资源化利用技术的潜在环境行为量化结果如表5-4和图5-13所示。玉米秸秆还田在农业土地占用影响类别以外的环境影响类别中呈现了最高的环境效益；玉米秸秆制饲料除了在农业土地占用以外的影响类别中均呈现出最佳的环境效益，在水体与海洋富营养化影响类别中也展现了良好的环境效益。除此以外，玉米秸秆制纤维素乙醇在所有的环境影响类别中都呈现了相对较低的环境效益；玉米秸秆露天焚烧在陆地酸性化、海洋富营养化、化学氧化剂形成与颗粒物形成的环境影响类别中都呈现了环境负荷；玉米秸秆制沼气工艺除了在农业土地占用和化石能源消耗以外的影响类别中均观测到环境负荷。与此类似，玉米秸秆发电工艺除了在水体陆地酸性化和海洋富营养化以外的影响类别中也均观测到环境负荷。

图5-14所示的归一化研究结果表明，除了致癌性的环境潜在影响或效益较大外，其余影响类别产生的潜在环境影响相对较小。另外，有产品替代时的玉米秸秆资源化利用的生命周期环境影响归一化评价结果表明，依据其环境总负荷大小排序，依次为玉米秸秆制沼气、焚烧、堆肥、还田、纤维素乙醇、饲料、发电。与无产品替代时相比，按产生的环境效益排序，依次为玉米秸秆还田（5.58×10^{-9}）、堆肥（1.31×10^{-9}）、纤维素乙醇（3.21×10^{-10}）、发电（1.60×10^{-10}）、沼气（1.53×10^{-10}）、饲料（4.834×10^{-11}）、焚烧（0）。

表5-4　　　产品替代时秸秆资源化利用的生命周期环境影响

中间点特征化评价结果

	焚烧	纤维素乙醇	发电	沼气	饲料	还田	堆肥
致癌	1.67E-05	-2.53E-02	-1.23E-02	6.34E-02	-2.18E-03	-1.00E+00	-2.40E-01
非致癌	7.53E-06	-3.42E-01	-1.48E-01	3.43E-02	4.19E-03	-1.00E+00	-1.76E-01
水体生态毒性	2.61E-05	-4.50E-02	-1.13E-02	6.14E-02	-2.73E-03	-1.00E+00	-2.39E-01
气候变化	8.45E-03	-3.16E-01	-1.89E-01	4.56E-02	5.57E-04	-1.00E+00	-1.67E-01
臭氧层破坏	6.27E-04	-9.93E-02	-1.53E-01	8.23E-02	-4.67E-03	-1.00E+00	-2.46E-01
陆地酸性化	1.31E-01	-9.04E-02	4.19E-02	2.42E-02	-6.70E-03	-1.00E+00	1.91E-01
水体富营养化	-3.40E-05	-5.97E-02	-2.89E-04	1.00E-01	-6.18E-01	-1.00E+00	-2.05E-01
海洋富营养化	1.40E-01	-1.89E-01	4.17E-02	6.08E-02	-5.09E-01	-1.00E+00	4.47E-01
光化学氧化剂形成	3.43E-01	-1.79E-01	2.07E-01	5.01E-02	-2.64E-04	-1.00E+00	-2.45E-01
颗粒物形成	5.35E-01	-1.08E-01	2.69E-02	3.25E-02	-2.23E-03	-1.00E+00	-6.28E-02
农业土地占用	-1.89E-06	-4.83E-02	-1.03E-03	5.84E-03	-1.00E+00	-1.19E-01	-2.91E-02
城市土地占用	8.35E-06	-2.06E-02	-2.79E-02	2.42E-02	4.08E-04	-1.00E+00	-2.36E-01
水资源消耗	-7.38E-09	-3.65E-02	3.06E-03	1.54E-02	-6.55E-04	-1.00E+00	-2.26E-01
金属资源消耗	-5.70E-06	-1.18E-02	-5.76E-03	2.37E-02	-2.07E-03	-1.00E+00	-2.38E-01
化石能源消耗	2.94E-04	-1.23E-01	-1.51E-01	-1.31E-01	1.95E-03	-1.00E+00	-2.34E-01

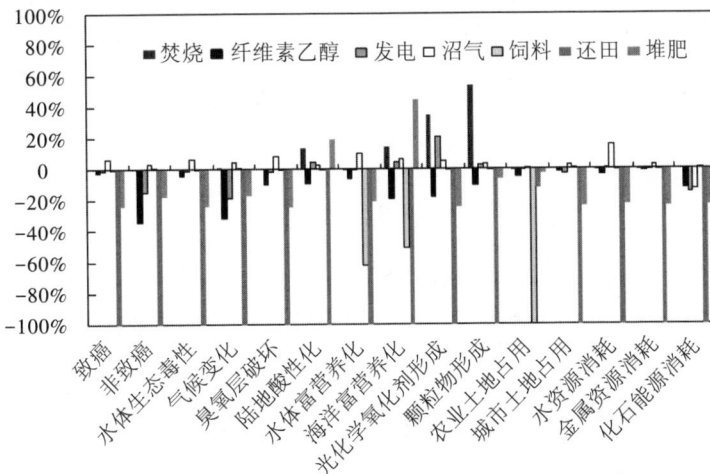

图5-13　产品替代时秸秆资源化利用的生命周期环境影响中间点特征化评价结果

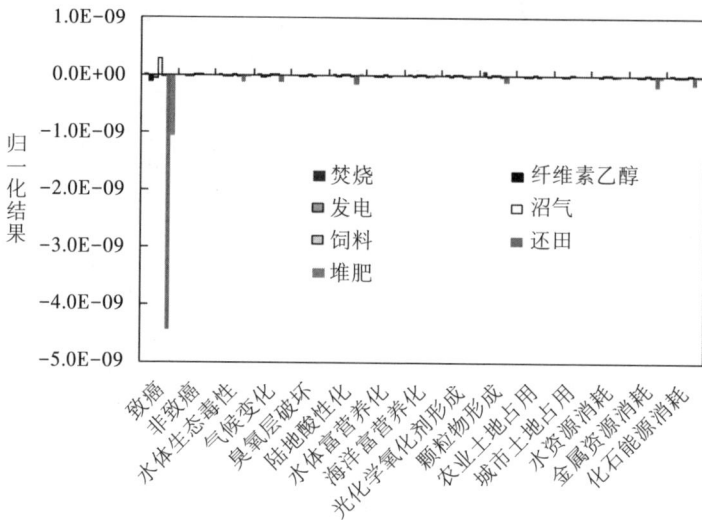

图5-14 产品替代时秸秆资源化利用的生命周期环境影响中间点归一化评价结果

5.4 讨论

由于工业的快速发展和化石能源的迅速消耗，中国正面临着严重的雾霾危机。有学者指出，农业秸秆露天焚烧是造成中国空气污染的主要原因之一（Zhang，2009；Feng et al.，2010），如图3-11至3-17所示。在2014年，全国粮食作物秸秆露天焚烧排放的二氧化碳、氮氧化物、颗粒物和二氧化硫分别为$6.10×10^7$、$1.02×10^5$、$2.16×10^5$、$2.03×10^3$吨，分别占我国当年排放总量的0.01%、0.05%、1.24%、0.01%。这些污染物排放主要来自东北、河南、安徽等地区，该观察结果与利用美国国家航空与航天局（National Aeronautics and Space Administration：NASA）采用中分辨率成像光谱仪（Moderate Resolution Imaging Spectroradiometer：MODIS）观测到的我国秸秆露天焚烧数据类似。这些结果表明，控制秸秆露天焚烧对减少造成雾霾形成的主要物质（即氮氧化物、颗粒物和二氧化硫）的排放起到一定的作用。图5-7至图5-12的玉米秸秆资源化利用研究结果表明，玉米秸秆利用工艺不同，对环境产生的影响也有所差异。生命周期环境影响评价的敏感性分析结果见表5-5。

表5-5   生命周期环境影响评价的敏感性分析结果

流程	过程	变动	生命周期环境影响		
			致癌性 （CTUh/t）	陆地酸性化 （kg SO$_2$ eq/t）	颗粒物形成 （kg PM$_0$ eq/t）
焚烧	直接排放	5%	2.33E-10	0.23	0.30
	柴油	5%	2.37E-10	8.0E-4	3.64E-4
纤维素乙醇	柴油	5%	2.83E-12	8.3E-7	3.87E-7
	酶	5%	6.39E-8	3.4E-2	1.27E-2
	运输	5%	4.17E-8	6.12E-3	2.89E-3
	电	5%	1.02E-8	1.08E-2	4.11E-3
直燃发电	直接排放	5%	1.02E-11	0.21	6.65E-2
	柴油	5%	2.37E-10	8E-4	3.65E-4
	运输	5%	2.33E-8	2.82E-3	1.14E-3
	电	5%	2.80E-9	2.96E-3	1.12E-3
沼气	柴油	5%	2.37E-10	8.0E-4	3.65E-4
	添加剂	5%	6.69E-7	7.84E-2	2.3E-2
	运输	5%	3.41E-8	4.97E-3	2.18E-3
	电	5%	2.53E-8	9.99E-3	3.86E-3
饲料	柴油	5%	2.37E-10	8.0E-4	3.65E-4
	电	5%	5.23E-9	5.53E-3	2.10E-3
还田	柴油	5%	1.28E-8	4.32E-2	1.97E-2
	添加剂	5%	1.65E-7	3.6E-2	1.08E-2
堆肥	柴油	5%	1.98E-8	5.81E-3	2.71E-3
	电	5%	9.17E-9	9.70E-3	3.68E-3
	添加剂	5%	1.23E-8	2.60E-3	8.37E-4
	运输	5%	1.27E-8	1.87E-3	8.82E-4

本研究针对玉米秸秆露天焚烧与资源化利用过程中引发的环境负荷关键流程的敏感性进行了分析。研究结果表明，针对玉米秸秆露天焚烧，5%的直接大气污染物排放的减少，致癌性、陆地酸性化和颗粒物形成影响类别的环境负荷将会分别减少2.33E-10 CTUh/t、0.23 kg SO_2 eq/t 和 0.30 kg PM_{10} eq/t。针对其他工艺、其他关键流程的环境负荷的变动情况可由表5-5所示数据进行类推。针对总体环境影响而言，玉米秸秆露天焚烧的直接排放减少5%时，产生的环境效益最大，在制纤维素乙醇、直燃发电、沼气、饲料、还田、堆肥工艺中运输、添加剂分别减少5%时，产生的环境效益值相对较大，而因柴油减少5%时，取得的环境效益最小。针对致癌性影响类别，对制纤维素乙醇工艺而言，酶减少5%时，产生的环境效益值最大，柴油消耗减少5%时，取得的环境效益最小；对直燃发电工艺而言，运输环节消耗减少5%时，产生的环境效益最大，直接排放减少5%时，取得的环境效益最小；对制沼气工艺而言，添加剂减少5%时，产生的环境效益最大，柴油消耗减少5%时，取得的环境效益最小；对饲料工艺而言，电力消耗减少5%时。产生的环境效益最大，柴油消耗减少5%时，取得的环境效益最小；对还田工艺而言，添加剂减少5%时，产生的环境效益最大，柴油消耗减少5%时，取得的环境效益最小；对堆肥工艺而言，柴油消耗减少5%时，产生的环境效益最大，电力消耗减少5%时，取得的环境效益最小。针对陆地酸性化影响类别，对制纤维素乙醇工艺而言，酶减少5%时，产生的环境效益值最大，柴油消耗减少5%时，取得的环境效益最小；对直燃发电工艺而言，直接排放减少5%时，产生的环境效益最大，运输环节消耗减少5%时，取得的环境效益最小；对制沼气工艺而言，添加剂减少5%时，产生的环境效益最大，柴油消耗减少5%时，取得的环境效益最小；对饲料工艺而言，电力消耗减少5%时，产生的环境效益最大，柴油消耗减少5%时，取得的环境效益最小；对还田工艺而言，柴油减少5%时，产生的环境效益最大，添加剂消耗减少5%时，取得的环境效益最小；对堆肥工艺而言，电力消耗减少5%时，产生的环境效益最大，运输环节消耗减少 5% 时，取得的环境效益最小。针对颗粒物形成影响类别，对制纤维素乙醇工艺而言，酶减少 5% 时，产生的环境效益值最大，柴油消耗减少 5% 时，取得的环境效益最小；对直燃发电工艺而言，直接排放减少 5% 时，产生的环境效益最大，柴油消耗减少 5% 时，取得的环境效益最小；对制沼气工艺而言，添加剂减少 5% 时，产生的环境效益最大，柴油消耗减少 5% 时，取得的环境效益最小；对饲料工艺而言，电力消耗减少 5% 时，产生的环境效益最大，柴油消耗减少 5%时，取得的环境效益最小；对还田工艺而言，柴油减少 5% 时，产生的环境效益最大，添加剂消耗减少 5% 时，取得的环境效益最小；对堆肥工艺而言，电力消耗减少 5% 时，产生的环境效益最大，运输环节消耗减少 5% 时，取得的环境效益最小。

敏感性分析结果提示，玉米秸秆还田和制沼气的环境负荷主要来自于添加剂的消耗，而直接排放是露天焚烧和发电工艺造成环境影响的主要环节；玉米秸秆制饲料和堆肥的环境负荷分别来自于电力与柴油的制备环节，而玉米秸秆制沼气、纤维素乙醇工艺的主要环境负荷分别来自于添加剂与酶制备过程。

上述敏感性分析结果与图 5-7 至图 5-12 的分析结果取得了很好的一致性。这里需要着重指出，本研究中玉米秸秆发电工艺的温室气体排放值为 0.21 t-CO_2eq/MWh。该值远远高于前人针对泰国秸秆发电的研究结果（$2.8×10^{-2}$ t-CO_2eq/MWh，Suramaythangkoor and Gheewala，2013）。造成这一区别的主要原因为 Suramaythangkoor and Gheewala（2013）研究中，存在温室气体直接排放清单缺失和发电效率（0.68 MWh/t-straw）相对较低的现象。如果采用本研究中的温室气体直接排放清单缺失和发电效率（1.03 MWh/t-straw），Suramaythangkoor and Gheewala（2013）研究中的温室气体排放值为 0.54 t-CO_2eq /MWh，这个数值明显大于本研究中观察到的结果（0.21 t-CO_2eq /MWh）。造成上述区别的主要原因是秸秆类型、技术水平、生产规模、管理水平的不同所造成的。总之，上述研究结果表明，提升玉米秸秆资源化利用过程中的能源和添加剂利用效率可有效地降低秸秆资源化利用产生的整体环境负荷。

另外，图 5-13 和图 5-14 的研究结果表明，当玉米秸秆资源化利用产品用于替代人工合成肥料、玉米饲料和化石燃料时，可产生显著的环境效益。这一研究结果与前人的研究结果取得了很好的一致，即基于生物质的材料和可再生能源可以显著降低能源消耗，温室气体排放，并减少空气、水和土壤的污染（Silalertruksa and Gheewala，2013；Hong，2012；Schmehl et al.，2008；Gabrielle and Gagnaire，2008）。玉米秸秆还田产生了最佳的环境效益，其次为堆肥。但是堆肥工艺通常受堆肥产品的质量、价格、堆肥过程中气味、季节可用性、土地空间、劳动力、运输成本等因素左右，而秸秆还田工艺存在掺杂大量杂草种子、消耗土壤中的氮肥或磷肥、增加成本与病虫害等缺点。因此，对秸秆资源化利用的生命周期成本影响有待进一步研究。

5.5 本章小结

本章的研究针对玉米秸秆露天焚烧、还田、饲料、堆肥、制沼气、发电、制纤维素乙醇过程中产生的生命周期环境影响进行了量化，研究构建了我国玉米秸秆焚烧与资源化利用生命周期清单、筛选出适合我国玉米秸秆资源化利用的生命周期环境影响评价模型，并在此基础上，开展了系列分析评价，取得了如下主要结果：

（1）玉米秸秆资源化利用过程对致癌性、陆地酸性化和颗粒物形成产生的环境潜在影响较大。

（2）玉米秸秆焚烧过程中排放的茚并（1，2，3-cd）芘与资源化利用过程中排放的铬、二氧化硫与氮氧化物污染是产生潜在环境影响的关键物质。

（3）化学药剂的消耗、直接排放、电力与柴油的使用是产生潜在环境影响的关键流程。

（4）无产品替代时，玉米秸秆制沼气的净环境负荷最大，而玉米秸秆制饲料技术的净环境负荷最小。无产品替代时，依据其环境负荷由低到高排序，依次为玉米秸秆饲料、发电、制纤维素乙醇、还田、堆肥、制沼气。

（5）有产品替代时，依据其环境负荷由低到高排序，依次为玉米秸秆发电、饲料、制纤维素乙醇、还田、堆肥、制沼气。与无产品替代时相比，按产生的环境效益排序，依次为玉米秸秆还田（5.58×10^{-9}）、堆肥（1.31×10^{-9}）、纤维素乙醇（3.21×10^{-10}）、发电（1.60×10^{-10}）、沼气（1.53×10^{-10}）、饲料（4.84×10^{-11}）、焚烧（0）。

第6章 基于LCC的粮食作物秸秆资源化利用评价

粮食作物秸秆资源化利用的经济性如何，尤其是经济负荷如何，是农户、厂商、政府在粮食作物秸秆资源化利用决策中的重要考量依据。因此，为控制、了解和筛选粮食作物秸秆可持续资源化利用方案，需要对粮食作物秸秆焚烧和资源化利用过程中产生的经济负荷进行量化分析。本章的研究将以玉米秸秆资源化利用为例，采用第4章中的粮食作物秸秆资源化利用生命周期成本分析（LCC）模型，针对玉米秸秆露天焚烧与其资源化利用过程中产生的经济负荷开展实证评价。

6.1 LCC的研究目的、功能单位与系统边界

6.1.1 LCC的研究目的

本研究目的是为决策者提供有用的信息，获取经济数据，量化玉米秸秆资源化利用的经济负荷，识别引发经济负荷的关键节点。

6.1.2 LCC的功能单位

为了与生命周期环境评价的功能单位保持一致，本章节的研究同样选取1吨玉米秸秆为功能单位，所有流程中的生命周期成本都是基于该功能单位进行的换算。

6.1.3 LCC的系统边界

本章玉米秸秆资源化利用（即还田、饲料、堆肥、制沼气、发电、制纤维素乙醇）系统的LCC系统边界如图6-1所示。

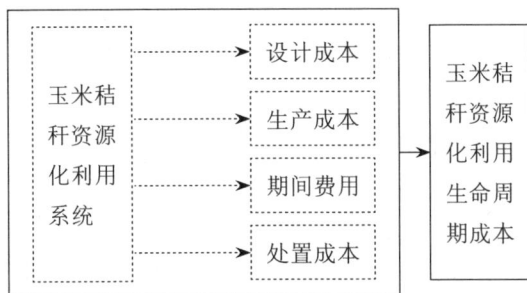

图6-1 玉米秸秆资源化利用系统LCC系统边界

6.2 LCC的清单

6.2.1 LCC的数据来源

本章的玉米秸秆资源化利用LCC评价所需要的相关清单数据，即露天焚烧、还田、饲料、堆肥、制沼气、发电、制纤维素乙醇等与生命周期成本相关的数据，均来自企业原始数据与文献调研（李建政，2011；洪静敏，2012；杨娟，2014）。

6.2.2 LCC的清单

LCC评价中涉及的生命周期成本清单数据，由企业原始数据与文献调研所得数据整理计算而得。单位t为（处置）每吨玉米秸秆。生命周期成本清单数据见表6-1。

表6-1　　　　　　　　　　生命周期成本清单数据

	单位	焚烧	纤维素乙醇	发电	沼气	饲料	还田	堆肥
处理规模	吨/年		210 000	154 200	2 190	1 017 000		
使用年限	年		20	20	20	20		
水	元/吨		14.52	12.54	50.82			5.94
柴油	元/吨	2.14	2.14	2.14	2.14	2.14	118.45	15.54
电	元/吨		60.75	16.59	44.24	31.05		54.43
酶	元/吨		255.03					
营养剂	元/吨				70.98			3.12
动物粪便	元/吨							
氢氧化钠	元/吨				49.5			
尿素	元/吨				25.65		59.85	
肥料	元/吨	-0.039	-11.46	-0.078	-21.53		-2 199.6	-530.4
天然气	元/吨				-482.73			
玉米饲料	元/吨					-1.005		
煤发电	元/吨			-800.43				
乙醇	元/吨		-807.45					
秸秆运输	元/吨		37.00	30.18	34.61			30.18
设计	元/吨		33.96	27.98	6.5	4.95		
折旧	元/吨		132.91	89.87	143.25	16.81	19.41	11.19
工资	元/吨		17.14	21.98	54.79	44.95	18.74	4.06
维护	元/吨		41.97	44.93	22.83	8.85	4.27	2.21
其他	元/吨		2.39	3.08	7.67	6.29		
管理	元/吨		17.34	17.5	66.46	14.42		
财务	元/吨		-15.8	47.14	-59.58	36.37		
销售	元/吨		5.20	3.85	2.17	14.16		

注：肥料、天然气、玉米饲料、煤发电、乙醇数据为有产品替代时的数据。

6.3 LCC评价

6.3.1 无产品替代时的生命周期成本

根据表6-1生命周期成本清单中的无产品替代时的数据，采用公式4-1、公式4-2、公式4-3、公式4-4、公式4-5计算无产品替代时的生命周期成本。

无产品替代时玉米秸秆资源化利用的生命周期成本（私人成本）如图6-2所示。计算结果表明，无产品替代时，依据其经济负荷由低到高排序，依次为玉米秸秆焚烧2.14元/吨、堆肥126.67元/吨、制饲料179.99元/吨、还田220.73元/吨、发电317.78元/吨、制沼气522.03元/吨、制纤维素乙醇604.56元/吨。其中，玉米秸秆制纤维素乙醇的生命周期成本最高，其次为沼气、发电、还田、饲料与堆肥；玉米秸秆露天焚烧的生命周期成本最小。

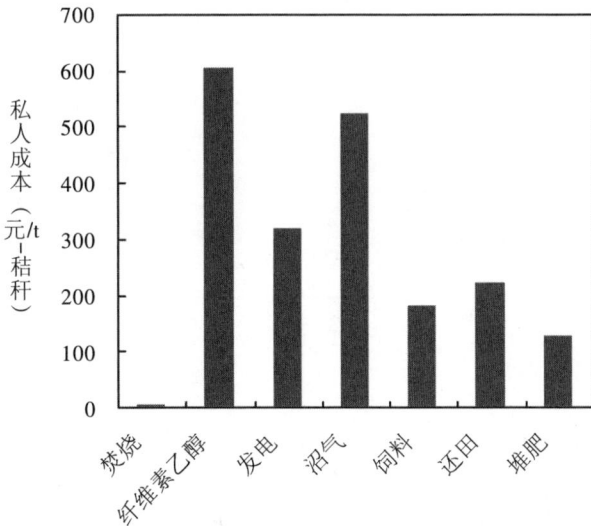

图6-2 玉米秸秆资源化利用的生命周期成本（私人成本）

6.3.2 有产品替代时的生命周期成本

根据表6-1生命周期成本清单中的有产品替代时的数据，并采用公式4-1、公式4-2、公式4-3、公式4-4、公式4-5计算有产品替代时的生命周期成本。

有产品替代时玉米秸秆资源化利用的生命周期成本（私人成本）如图6-3所示。计算结果表明，玉米秸秆焚烧、制纤维素乙醇、发电、制沼气、制饲料、还田与堆肥的私人成本分别为2.10元/吨、−214.35元/吨、−482.72元/吨、17.78元/吨、178.98元/吨、−1 978.87元/吨和−403.72元/吨。对玉米秸秆资源化利用有产品替代时和无产品替代时进行比较可以发现，有产品替代时因成本降低而相应地产生正效益。根据成本降低幅度与相应产生正效益的大小进行排序，依次为玉米秸秆还田、制纤维素乙醇、发电、制沼气、堆肥、制饲料、焚烧。

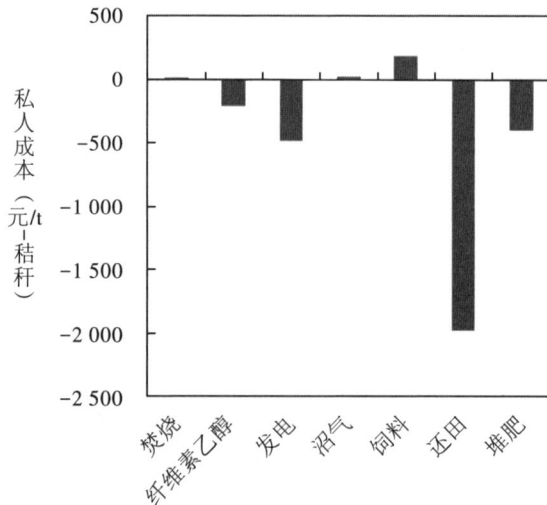

图6-3 有产品替代时玉米秸秆资源化利用的生命周期成本（私人成本）

6.3.3 影响生命周期成本的关键流程分析

（1）焚烧

产生玉米秸秆露天焚烧生命周期成本的关键流程如图6-4所示。研究结果表明，玉米秸秆焚烧生命周期中柴油的消耗是降低生命周期成本的关键流程。

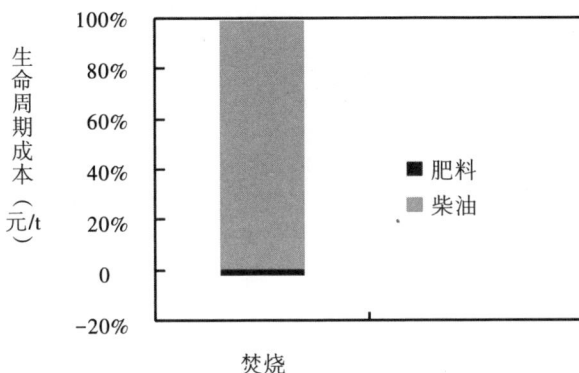

图6-4 玉米秸秆露天焚烧与资源化利用影响生命周期
成本的关键流程分析——焚烧

（2）纤维素乙醇

产生玉米秸秆制纤维素乙醇生命周期成本的关键流程如图6-5所示。研究结果表明，电力和酶消耗、折旧、运输、设计和维护费用是玉米秸秆制纤维素乙醇产生生命周期成本（私人成本）的关键流程，而工业乙醇产品的替代是降低生命周期成本的关键流程。

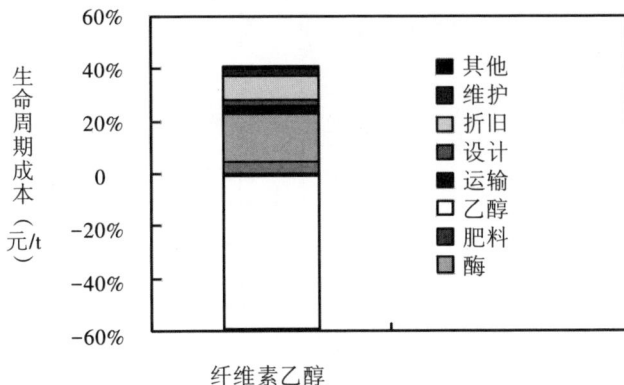

图6-5 玉米秸秆露天焚烧与资源化利用影响生命周期
成本的关键流程分析——纤维素乙醇

（3）发电

产生玉米秸秆发电生命周期成本的关键流程如图6-6所示。研究结果表明，财务、维护、工资、折旧、设计和运输费用是玉米秸秆发电工艺产生生命周期成本（私人成本）负荷的关键流程。

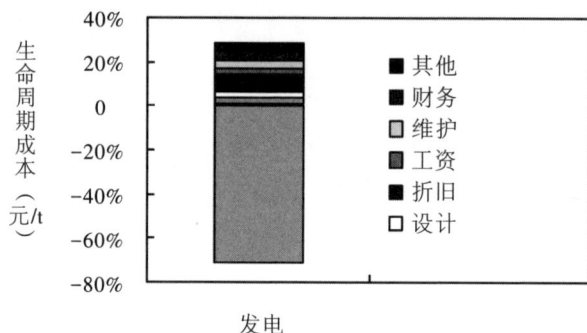

图6-6 玉米秸秆露天焚烧与资源化利用影响生命周期

成本的关键流程分析——发电

（4）沼气

产生玉米秸秆制沼气生命周期成本的关键流程如图6-7所示。研究结果表明，工资、折旧、运输、氢氧化钠和营养剂费用是玉米秸秆制沼气产生生命周期成本（私人成本）负荷的关键流程，而工业天然气和人工合成化肥产品的替代是降低生命周期成本的关键流程。

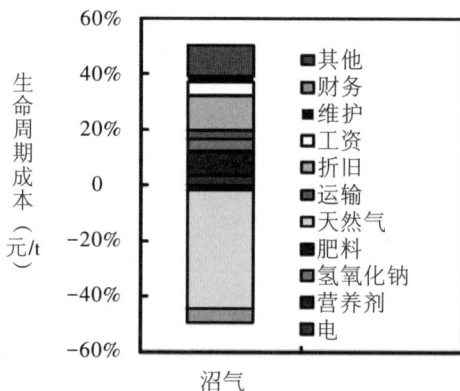

图6-7 玉米秸秆露天焚烧与资源化利用影响生命

周期成本的关键流程分析——沼气

（5）饲料

产生玉米秸秆制饲料生命周期成本的关键流程如图6-8所示。研究结果表明，玉米秸秆制饲料过程中销售、管理、财务、维护、工资、折旧、设计和电力的消耗是降低生命周期成本的关键流程。

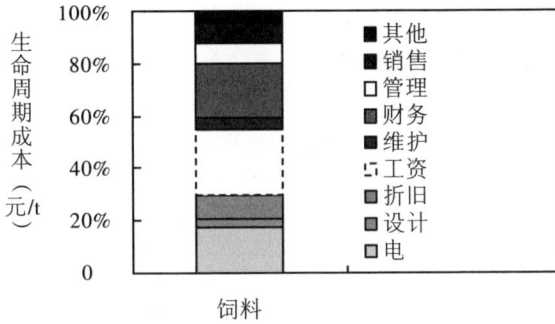

图 6-8　玉米秸秆露天焚烧与资源化利用影响生命
周期成本的关键流程分析——饲料

（6）还田

产生玉米秸秆还田生命周期成本的关键流程如图 6-9 所示。研究结果表明，柴油与尿素是玉米秸秆还田产生生命周期成本（私人成本）负荷的关键流程，而人工合成化肥产品的替代是降低生命周期成本的关键流程。

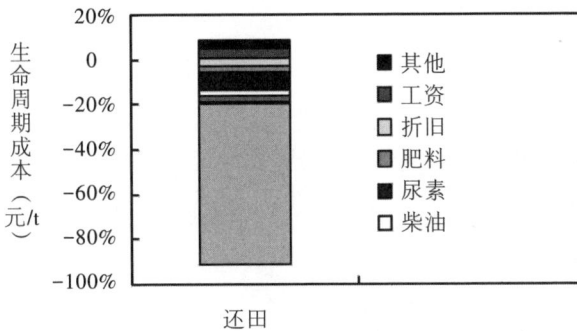

图 6-9　玉米秸秆露天焚烧与资源化利用影响生命
周期成本的关键流程分析——还田

（7）堆肥

产生玉米秸秆堆肥生命周期成本的关键流程如图 6-10 所示。研究结果表明，折旧、运输、电力与柴油是玉米秸秆堆肥产生生命周期成本负荷的关键流程，而人工合成化肥产品的替代是降低生命周期成本的关键流程。

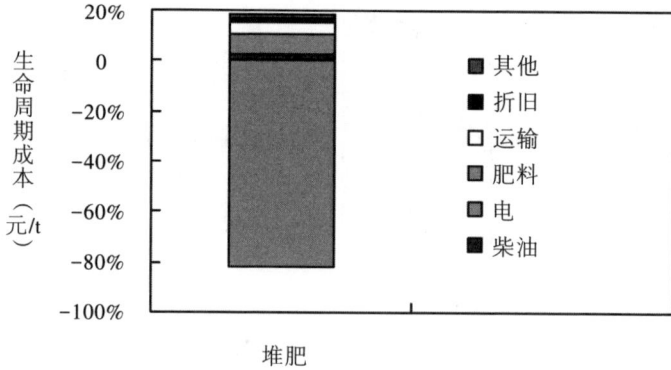

图 6-10　玉米秸秆露天焚烧与资源化利用影响生命
周期成本的关键流程分析——堆肥

6.4　敏感性分析

为了探究玉米秸秆资源化利用各种处置工艺的原辅料投入对生命周期成本的影响，我们进行了敏感性分析。在敏感性分析中，首先应用生命周期成本清单（见表 6-1）计算主要过程单元的成本在变化 5% 时对生命周期成本的影响。考虑到玉米秸秆资源化利用各种处置工艺的原材料相同，且从影响生命周期成本的关键流程分析结果可知，产品替代是玉米秸秆资源化利用各种处置工艺生命周期成本的关键流程，具有共同性，因此在本节的敏感性分析中将不予探讨。生命周期敏感性分析见表 6-2。

表6-2　　　　　　　　　生命周期成本敏感性分析

秸秆处置方式	过程	变动（%）	生命周期成本影响（元/吨）
焚烧	直接排放	5%	—
	柴油	5%	0.11
纤维素乙醇	柴油	5%	0.11
	酶	5%	12.75
	运输	5%	1.85
	电	5%	3.34

续表

秸秆处置方式	过程	变动（%）	生命周期成本影响（元/吨）
直燃发电	直接排放	5%	—
	柴油	5%	0.11
	运输	5%	1.51
	电	5%	0.83
沼气	柴油	5%	0.11
	添加剂	5%	3.55
	运输	5%	1.73
	电	5%	2.12
饲料	柴油	5%	0.11
	电	5%	1.55
还田	柴油	5%	5.92
	添加剂	5%	2.99
堆肥	柴油	5%	0.78
	电	5%	2.72
	添加剂	5%	0.16
	运输	5%	1.51

针对生命周期成本影响类别，对制纤维素乙醇工艺而言，酶减少5%时，产生的经济效益最大，柴油消耗减少5%时，取得的经济效益最小；对直燃发电工艺而言，运输环节消耗减少5%时，产生的经济效益最大，直接排放消耗减少5%时，取得的经济效益最小；对制沼气工艺而言，添加剂消耗减少5%时，产生的经济效益最大，柴油消耗减少5%时，取得的经济效益最小；对饲料工艺而言，电力消耗减少5%时，产生的经济效益最大，柴油消耗减少5%时，取得的经济效益最小；对还田工艺而言，柴油减少5%时，产生的经济效益最大，添加剂消耗减少5%时，取得的经济效益最小；对堆肥工艺而言，电力消耗减少5%

时，产生的经济效益最大，添加剂消耗减少5%时，取得的经济效益最小。

敏感性分析结果显示，玉米秸秆资源化利用各种处置工艺的经济负荷主要来源不同。玉米秸秆制纤维素乙醇和制沼气的主要经济负荷分别来自酶与添加剂的制备过程，玉米秸秆直燃发电和堆肥的主要经济负荷分别来自运输环节与电力的制备过程，而玉米秸秆还田和制饲料的主要经济负荷分别来自柴油与电力的制备过程。

总之，上述研究结果表明，提升玉米秸秆资源化利用过程中能源和添加剂的利用效率，可有效降低秸秆资源化利用产生的整体经济负荷。

6.5 本章小结

本章针对玉米秸秆露天焚烧、还田、制饲料、堆肥、制沼气、发电、制纤维素乙醇过程中产生的生命周期经济负荷进行了量化，研究构建了我国玉米秸秆焚烧与资源化利用生命周期成本（LCC）清单，并在此基础上，开展了系列分析评价，取得了如下主要结果：

（1）无产品替代时，依据其经济负荷由低到高排序，依次为玉米秸秆焚烧2.14元/吨、堆肥126.67元/吨、制饲料179.99元/吨、还田220.73元/吨、发电317.78元/吨、焚烧2.10元/吨制沼气522.03元/吨、制纤维素乙醇604.56元/吨。

（2）有产品替代时，依据其经济负荷由低到高排序，依次为玉米秸秆还田−1 978.87元/吨、发电−482.72元/吨、堆肥−403.72元/吨、制纤维素乙醇−214.35元/吨、焚烧2.10元/吨、制沼气17.78元/吨、制饲料178.98元/吨。

（3）有产品替代是玉米秸秆资源化利用降低生命周期成本的关键流程。

（4）无产品替代时，玉米秸秆制纤维素乙醇和制沼气的主要经济负荷分别来自酶与添加剂的制备过程，玉米秸秆发电和堆肥的主要经济负荷分别来自运输环节与电力的制备过程，而玉米秸秆还田和制饲料的主要经济负荷分别来自柴油与电力的制备过程。

第7章 基于LCA与LCC的粮食作物秸秆资源化利用综合评价

我国粮食作物秸秆资源化利用正处在由"量"的提升到"质"的提高阶段；同时，经济社会的可持续发展，要求农户、厂商、政府在粮食作物秸秆资源化利用过程中从环境与经济的综合视角进行考量决策。因此，本章以玉米秸秆资源化利用为例，采用第4章中构建的粮食作物秸秆资源化利用LCA与LCC综合评价模型，并结合第5章和第6章的研究结果，针对玉米秸秆露天焚烧与其资源化利用过程中的生命周期环境与经济影响进行综合实证评价。

7.1 综合评价的功能单位与系统边界

7.1.1 研究目的

本研究的目的在于为决策者提供有用的信息，获取互补的环境与经济集成数据，量化并综合评价玉米秸秆资源化利用的环境与经济负荷，识别引发整体负荷的关键节点，提升秸秆利用效率的玉米秸秆绿色资源化利用途径。

7.1.2 综合评价的功能单位

本章节的研究将涉及第5章和第6章的研究内容。为了与生命周期环境评价、生命周期成本分析的功能单位保持一致，本章节的研究同样以1吨玉米秸秆为功能单位，所有流程中的环境成本和生命周期成本都是基于该功能单位进行的换算。

7.1.3 综合评价的系统边界

根据第5章和第6章确定的LCA、LCC系统边界，构建玉米秸秆资源化利用（即还田、饲料、堆肥、制沼气、发电、制纤维素乙醇）系统综合评价系统边界。本研究的系统边界如图7-1所示。

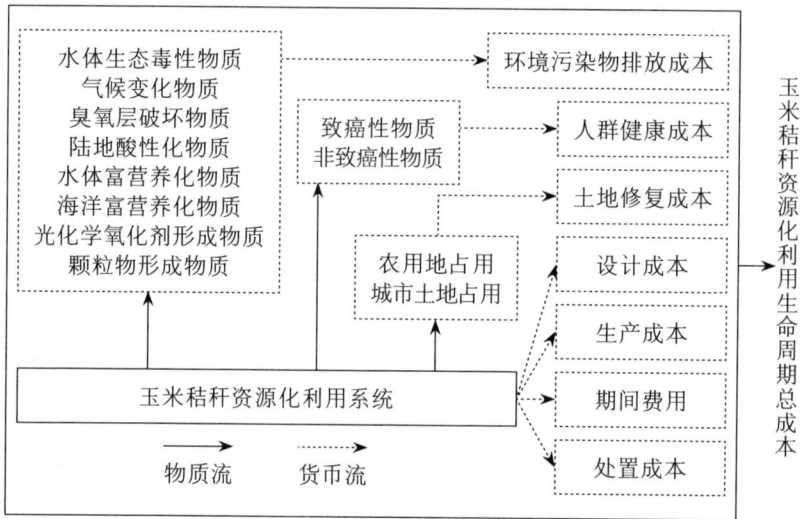

图7-1 玉米秸秆资源化利用系统综合评价系统边界

7.2 环境影响的经济性分析

7.2.1 无产品替代时的环境成本

（1）土地生态修复成本

根据表 5-3 无产品替代时玉米秸秆资源化利用的生命周期环境影响评价特征化结果数据，并采用公式 4-8 计算土地修复成本。公式 4-8 中的单位面积生态补偿愿意支付的费用，以 2015 年江苏实施的流域生态补偿值（$1.25×10^{-2}$ 元/m²）为基准值，乘以与选定年份的国内生产总值和参照年份的国内生产总值的比值而得。

无产品替代时玉米秸秆资源化利用的土地修复成本如图 7-2 所示。其计算结果表明，玉米秸秆焚烧、制纤维素乙醇、发电、制沼气、制饲料、还田与堆肥的土地修复成本分别为 $1.37×10^{-6}$—$5.18×10^{-6}$ 元/吨-秸秆、$1.39×10^{-3}$—$5.53×10^{-3}$ 元/吨-秸秆、$1.28×10^{-4}$—$4.85×10^{-4}$ 元/吨-秸秆、$7.66×10^{-3}$—$3.05×10^{-2}$ 元/吨-秸秆、$4.6×10^{-5}$—$1.83×10^{-4}$ 元/吨-秸秆、$3.58×10^{-3}$—$1.42×10^{-2}$ 元/吨-秸秆和 $4.0×10^{-4}$—$1.59×10^{-3}$ 元/吨-秸秆。价格浮动的主要原因是各地区的 GDP 值不同。其中，玉米秸秆制沼气的土地修复成本最高，其次为还田、制纤维素乙醇与堆肥；玉米秸秆焚烧、发电、制饲料的土地修复成本相对较小。

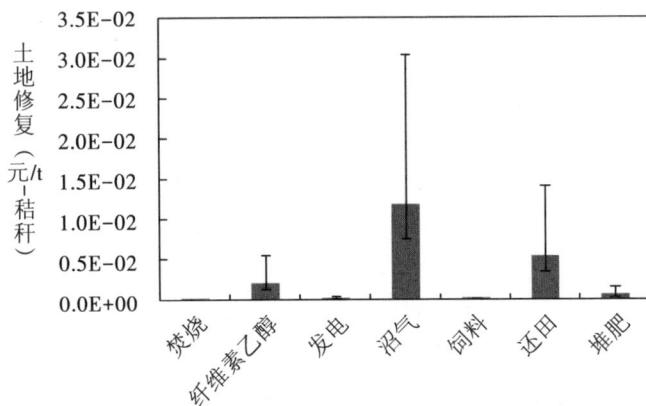

图 7-2　玉米秸秆资源化利用的生命周期环境成本——土地修复成本

（2）人群健康成本

根据表5-3无产品替代时玉米秸秆资源化利用的生命周期环境影响评价特征化结果数据，并采用公式4-9计算人群健康成本。公式4-9中的统计生命价值（减少因污染造成的早死所愿意支付的费用），以2010年度世界银行针对2000年度我国江苏丹阳、贵州六盘水和天津地区测算出的统计生命价值（VOSL）79.5万元/case为基准值，乘以与选定年份的国内生产总值和参照年份的国内生产总值的比值而得。

无产品替代时玉米秸秆资源化利用的人群健康成本如图7-3所示。其计算结果表明，玉米秸秆焚烧、制纤维素乙醇、发电、制沼气、制饲料、还田与堆肥的人群健康成本分别为1.97E-2—7.46E-2元/吨–秸秆、5.06—19.1元/吨–秸秆、1.3—4.9元/吨–秸秆、31.4—119元/吨–秸秆、0.23—0.87元/吨–秸秆、7.47—28.2元/吨–秸秆和2.26—8.56元/吨–秸秆。其中，与玉米秸秆制沼气的土地修复成本结果类同，玉米秸秆制沼气的人群健康成本最高，其次为还田、制纤维素乙醇与堆肥；玉米秸秆焚烧、发电、制饲料的人群健康成本相对较小。其主要是由玉米秸秆资源化利用过程中产生的环境负荷的差异引起的。此外，与土地修复成本相比，人群健康成本相对较高，这在一定程度上暗示了我国土地修复意愿还有待提升。

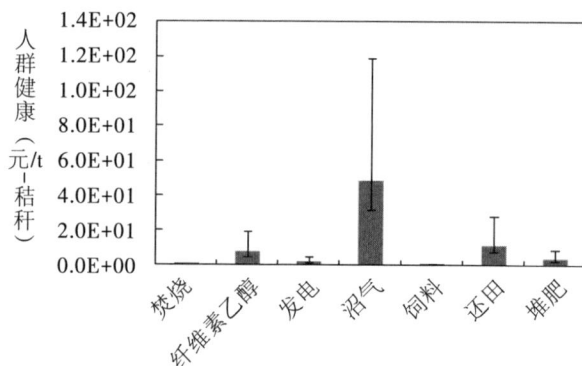

图7-3 玉米秸秆资源化利用的生命周期环境成本——人群健康成本

（3）环境污染物排放成本

根据表4-1部分省市排污费征收标准，表5-3无产品替代时玉米秸秆资源化利用的生命周期环境影响评价特征化结果数据，国家发展和改革委员会、财政部、环境保护部颁布的2014年2008号文件《关于调整排污费征收标准等有关问题的通知》的规定，并采用公式4-7计算环境污染物排放成本。

无产品替代时玉米秸秆资源化利用的环境污染物排放成本如图7-4所示。其计算结果表明，玉米秸秆焚烧、制纤维素乙醇、发电、制沼气、制饲料、还田与堆肥的环境污染物排放成本分别为5.29—60.9元/吨-秸秆、2.73—19.5元/吨-秸秆、5.16—56.1元/吨-秸秆、3.89—31.1元/吨-秸秆、0.22—1.87元/吨-秸秆、3.05—27.4元/吨-秸秆和0.9—7.4元/吨-秸秆。价格浮动的主要原因是各地区针对污染物的收费标准不同。由于玉米秸秆制饲料和堆肥的全生命周期过程污染物排放量低，因此在图7-4中观察到的环境污染物排放成本相对较低；而其余的玉米秸秆资源化利用工艺的环境污染物排放成本无明显差异。上述无产品替代时玉米秸秆资源化利用的生命周期外部成本中间值见表7-1。

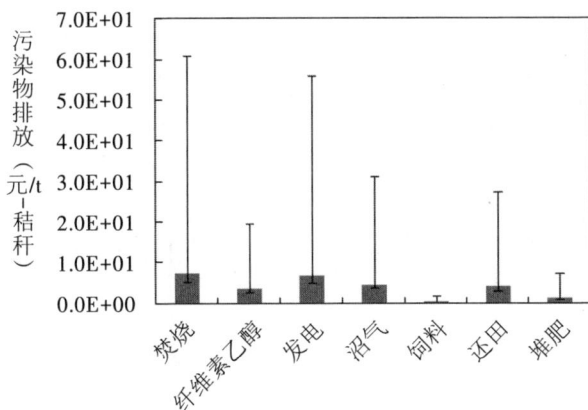

图7-4　玉米秸秆资源化利用的生命周期环境成本——环境污染物排放成本

表7-1　　　　玉米秸秆资源化利用无产品替代时的

生命周期环境成本中间值　　　　单位：元/吨-秸秆

	焚烧	纤维素乙醇	发电	沼气	饲料	还田	堆肥
污染物排放	7.32E+00	3.54E+00	6.84E+00	4.60E+00	2.78E-01	4.08E+00	1.14E+00
人群健康	3.04E-02	7.86E+00	2.07E+00	4.84E+01	3.74E-01	1.15E+01	3.70E+00
土地生态修复	2.11E-06	2.14E-03	1.97E-04	1.18E-02	7.08E-05	5.50E-03	6.14E-04

7.2.2　有产品替代时的环境成本

（1）土地修复成本

根据表5-4有产品替代时玉米秸秆资源化利用的生命周期环境影响评价特征化结果数据，并采用公式4-8计算有产品替代时的土地修复成本。其他与无产品替代时类同。

有产品替代时的土地修复成本如图7-5所示。其计算结果表明，玉米秸秆焚烧、制纤维素乙醇、发电、制沼气、制饲料、还田与堆肥的土地修复成本分别为-1.88×10^{-6}——7.12×10^{-6}元/吨-秸秆、-4.81×10^{-2}——-0.18元/吨-秸秆、-1.03×10^{-3}——-3.90×10^{-3}元/吨-秸秆、5.82×10^{-3}——2.2×10^{-2}元/吨-秸秆、-1.0——-3.77元/吨-秸秆、-0.12——-0.45元/吨-秸秆和-2.9×10^{-2}——-0.11元/吨-秸秆。其中，玉米秸秆制饲料的土地修复经济效益最高，其次为还田，而其余的玉米秸秆资源化利用工艺的土地修复经济效益无明显差异。

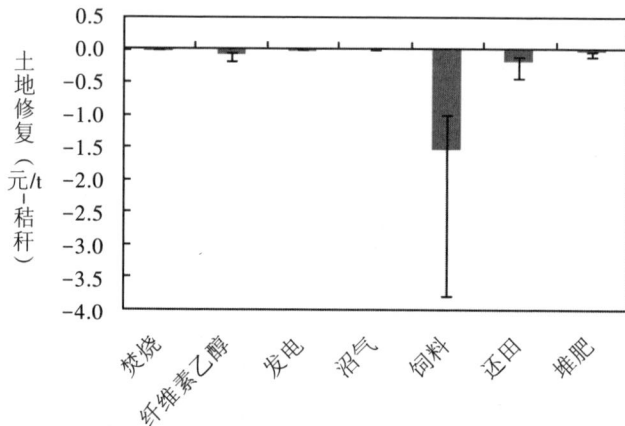

图7-5　有产品替代时玉米秸秆资源化利用的生命周期环境成本——t成本

（2）人群健康成本

根据表5-4有产品替代时玉米秸秆资源化利用的生命周期环境影响评价特征化结果数据，并采用公式4-9计算有产品替代时的人群健康成本。其他与无产品替代时类同。

有产品替代时的人群健康成本如图7-6所示。其计算结果表明，玉米秸秆焚烧、制纤维素乙醇、发电、制沼气、制饲料、还田与堆肥的人群健康成本分别为 $5.95×10-3—2.25×10-2$ 元/吨-秸秆、$-8.99— -34.0$ 元/吨-秸秆、$-4.38— -16.6$ 元/吨-秸秆、$22.5—85.2$ 元/吨-秸秆、$-0.78— -2.93$ 元/吨-秸秆、$-355— -1.34×103$ 元/吨-秸秆和 $-85.3— -323$ 元/吨-秸秆。其中，玉米秸秆还田的人群健康经济效益最高，其次为堆肥，而其余除制沼气以外的玉米秸秆资源化利用工艺的人群健康经济效益无明显差异；在有天然气产品替代时，仍观察到玉米秸秆制沼气工艺具有人群健康经济负荷，这说明玉米秸秆制沼气工艺人群健康类别的潜在影响要高于相同热值的天然气产品。

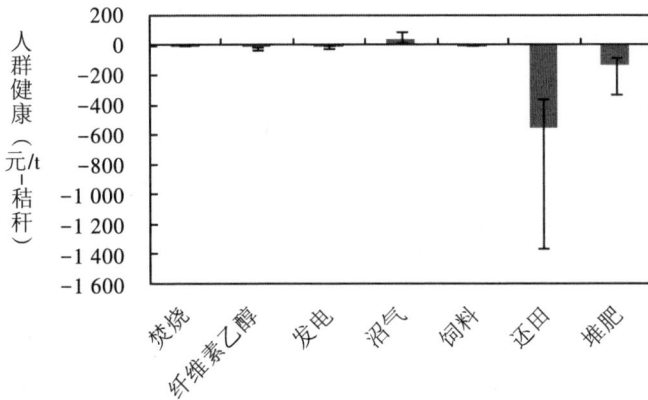

图7-6　有产品替代时玉米秸秆资源化利用的生命周期环境成本——人群健康成本

（3）环境污染物排放成本

根据表4-1部分省市排污费征收标准，表5-4有产品替代时玉米秸秆资源化利用的生命周期环境影响评价特征化结果数据，国家发展和改革委员会、财政部、环境保护部2014年颁布的2008号文件《关于调整排污费征收标准等有关问题的通知》的规定，并采用公式4-7计算有产品替代时的环境污染物排放成本。

有产品替代时的环境污染物排放成本如图7-7所示。其计算结果表明，玉米秸秆焚烧、制纤维素乙醇、发电、制沼气、制饲料、还田与堆肥的环境污染物排放成本分别为 $5.3—14.6$ 元/吨-秸秆、$-17.5—-25.9$ 元/吨-秸秆、$0.48—3.07$ 元/吨-秸秆、$2.3—5.0$ 元/吨-秸秆、$-1.56E-$

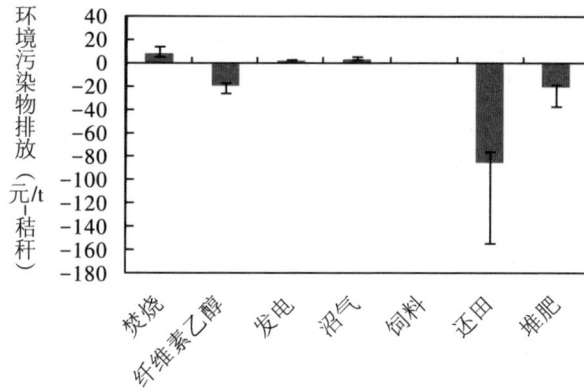

图7-7　有产品替代时玉米秸秆资源化利用的生命周期环境

成本——环境污染物排放成本

2—-3.54E-2 元/吨-秸秆、-76.1—-154 元/吨-秸秆和-18.2—-37.0 元/吨-秸秆。其中，玉米秸秆还田的经济效益最高，其次为堆肥与制纤维素乙醇，而其余除制沼气和露天焚烧以外的玉米秸秆资源化利用工艺的经济效益无明显差异。上述有产品替代时秸秆资源化利用的生命周期环境成本中间值见表7-2。

表7-2　　　　玉米秸秆资源化利用的生命周期环境成本中间值　单位：元/吨-秸秆

	焚烧	纤维素乙醇	发电	沼气	饲料	还田	堆肥
土地修复	-2.89E-06	-7.40E-02	-1.58E-03	8.95E-03	-1.53E+00	-1.82E-01	-4.46E-02
人群健康	9.17E-03	-1.50E+01	-7.23E+00	3.47E+01	-1.18E+00	-5.50E+02	-1.32E+02
污染物排放	7.32E+00	-1.94E+01	9.46E-01	2.92E+00	-2.26E-02	-8.57E+01	-2.05E+01

7.2.3　影响环境成本的关键物质分析

（1）土地修复

　　产生土地修复潜在经济影响的关键物质如图7-8所示。研究结果表明，玉米秸秆焚烧过程中林地是产生玉米秸秆资源化利用潜在土地修复成本影响的关键环节；耕地是玉米秸秆制纤维素乙醇、发电、饲料和堆肥产生潜在土地修复成本影响的关键环节。

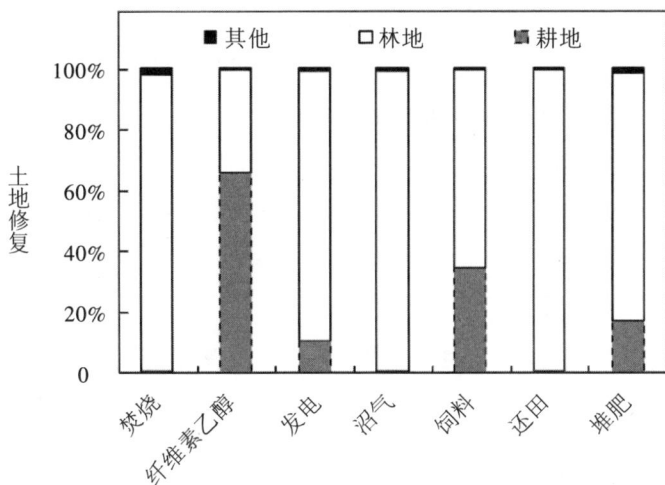

图7-8　玉米秸秆露天焚烧与资源化利用影响环境成本的关键物质分析——土地修复

（2）人群健康

产生人群健康潜在经济影响的关键物质如图7-9所示。研究结果表明，汞是玉米秸秆资源化利用产生潜在人群健康成本影响的关键环节；锌对除玉米秸秆制饲料以外的资源化利用工艺潜在人群健康成本的贡献较大；钡对玉米秸秆露天焚烧的人群健康成本起了相对重要的作用，而铅对玉米秸秆制纤维素乙醇、沼气和还田的人群健康成本起了一定的作用。

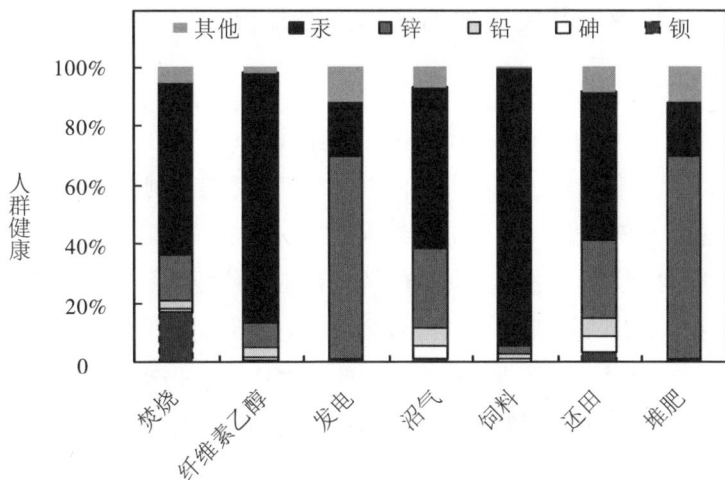

图7-9　玉米秸秆露天焚烧与资源化利用的影响环境成本的关键物质分析——人群健康

（3）环境污染物排放

产生环境污染物排放的潜在经济影响的关键物质如图 7-10 所示。研究结果表明，NO_x 和 SO_2 的排放对每种玉米秸秆资源化利用过程中产生的潜在环境污染物排放成本起了关键作用；COD 和 CO_2 对玉米秸秆制纤维素乙醇、沼气、饲料、还田和堆肥过程中产生的潜在环境污染物排放成本起了重要作用。

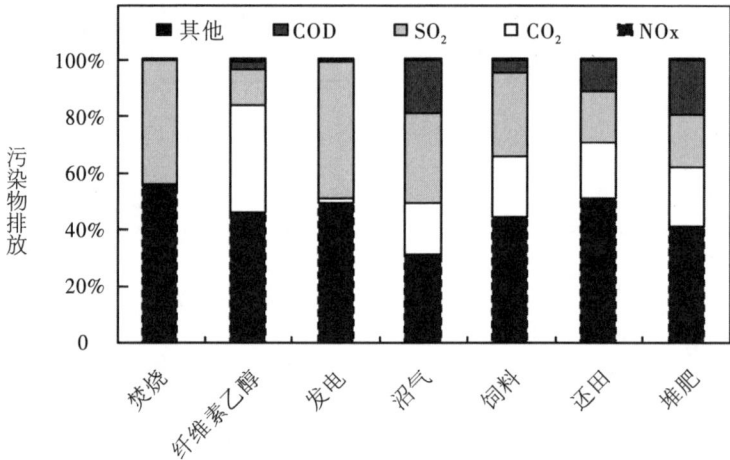

图 7-10　玉米秸秆露天焚烧与资源化利用的影响环境成本的关键物质分析
——环境污染物排放

7.2.4　影响环境成本的关键流程分析

（1）土地修复

产生土地修复潜在经济影响的关键流程如图 7-11 所示。研究结果表明，玉米秸秆焚烧过程中柴油的消耗是产生潜在土地修复成本影响的关键流程；运输是玉米秸秆制纤维素乙醇、发电和堆肥产生潜在土地修复成本影响的关键流程；添加剂的消耗是玉米秸秆制沼气、还田和堆肥产生潜在土地修复成本影响的关键流程；电力消耗是玉米秸秆发电、饲料和堆肥产生潜在土地修复成本影响的关键流程。此外，电力消耗和废水处置分别对玉米秸秆制纤维素乙醇和发电的土地修复成本起了明显的作用。

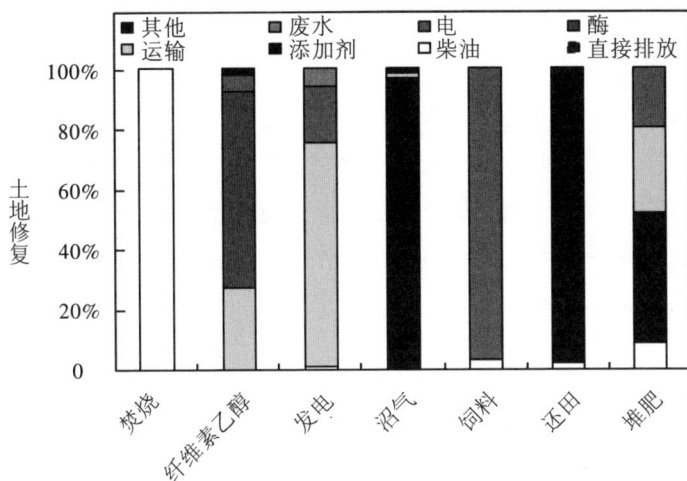

图 7-11　玉米秸秆露天焚烧与资源化利用影响环境成本的关键流程分析
——土地修复

（2）人群健康

产生人群健康潜在经济影响的关键流程如图 7-12 所示。研究结果表明，柴油是玉米秸秆露天焚烧、还田和堆肥产生潜在人群健康成本影响的关键环节；电力对除玉米秸秆焚烧和还田以外的工艺的潜在人群健康成本贡献较大；添加剂对玉米秸秆制沼气和还田的人群健康成本起了相对重要的作用；运输对玉米秸秆制纤维素乙醇和发电的人群健康成本起了一定的作用；酶的消耗对玉米秸秆制纤维素乙醇过程中产生的潜在人群健康成本也起了关键作用。

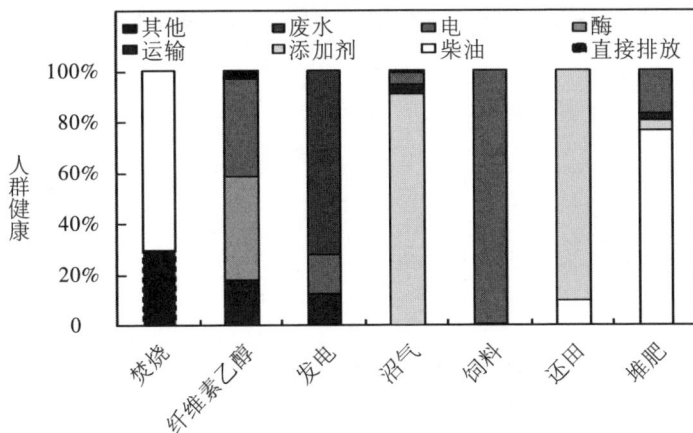

图 7-12　玉米秸秆露天焚烧与资源化利用影响环境成本的关键流程分析——人群健康

（3）环境污染物排放

产生环境污染物排放潜在经济影响的关键流程如图7-13所示。研究结果表明，直接排放是玉米秸秆露天焚烧和发电产生潜在环境污染物排放成本影响的关键环节；电力消耗是除玉米秸秆焚烧和还田以外的工艺产生潜在环境污染物排放成本影响的关键环节；添加剂对玉米秸秆制沼气、还田和堆肥的潜在环境污染物排放成本起了相对重要的作用；柴油是玉米秸秆制饲料、还田和堆肥产生潜在环境污染物排放成本影响的关键环节；酶对玉米秸秆制纤维素乙醇的潜在环境污染物排放成本起了相对重要的作用；运输对玉米秸秆制纤维素乙醇、发电、制沼气和堆肥的潜在环境污染物排放成本也起了一定的作用。

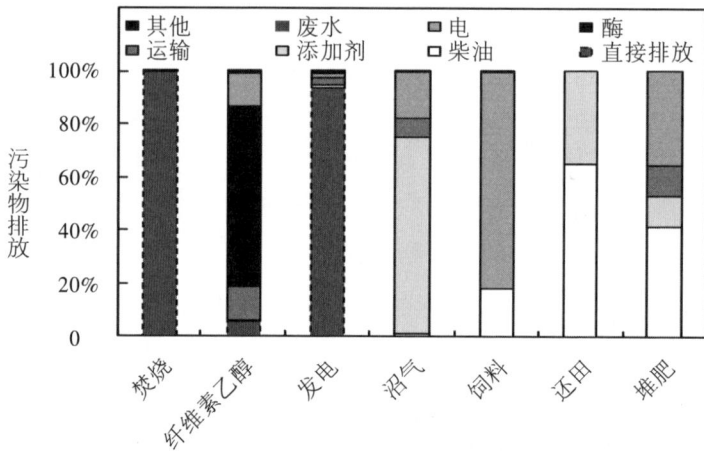

图7-13　玉米秸秆露天焚烧与资源化利用影响环境成本的关键流程分析
——环境污染物排放

7.3　综合评价

7.3.1　无产品替代时的综合评价

根据无产品替代时对属于环境成本的土地修复成本、人群健康成本、环境污染物排放成本的相关计算结果，以及无产品替代时对生命周期成本（私人成本）的相关计算结果，并采用公式4-11计算综合了环境与经济影响的无产品替代时的生命周期总成本。

无产品替代时玉米秸秆资源化利用的生命周期总成本如图7-14所示。其计算结果表明，玉米秸秆焚烧、制纤维素乙醇、发电、制沼气、制饲料、还田与堆肥的生命周期总成本分别为9.49元/吨-秸秆、615.97元/吨-秸秆、326.69元/吨-秸秆、575.03元/吨-秸秆、180.64元/吨-秸秆、236.32元/吨-秸秆和131.51元/吨-秸秆。在产品无替代时，玉米秸秆焚烧与资源化利用的生命周期总成本由低到高排序，依次为玉米秸秆焚烧、堆肥、制饲料、还田、发电、制沼气、制纤维素乙醇。

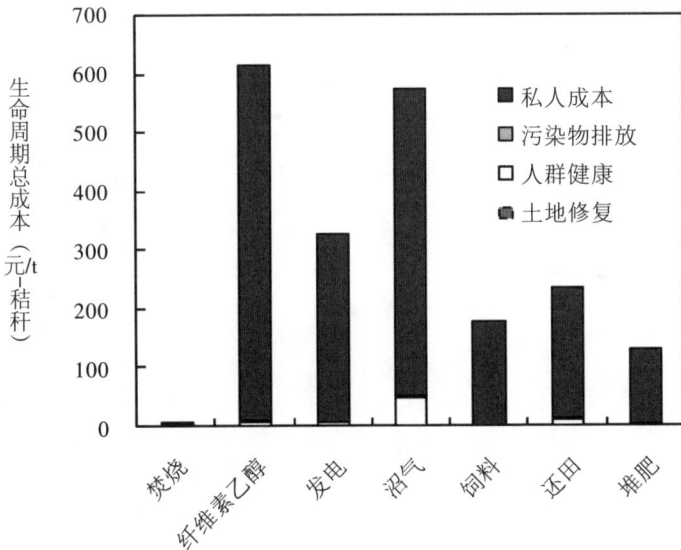

图7-14 无产品替代时玉米秸秆资源化利用的生命周期总成本

7.3.2 有产品替代时的综合评价

根据有产品替代时对属于环境成本的土地修复成本、人群健康成本、环境污染物排放成本的相关计算结果，以及有产品替代时对生命周期成本（私人成本）的相关计算结果，并采用公式4-11计算综合了环境与经济影响的有产品替代时的生命周期总成本。

有产品替代时玉米秸秆资源化利用的生命周期总成本如图7-15所示。其计算结果表明，玉米秸秆焚烧、制纤维素乙醇、发电、制沼气、制饲料、还田与堆肥的生命周期成本分别为9.43元/吨-秸秆、-248.76元/吨-秸秆、-489.01元/吨-秸秆、55.46元/吨-秸秆、176.25元/吨-秸秆、-2 614.77元/吨-秸秆、-555.98元/吨-秸秆。对玉米秸秆焚烧与资源化利用有产品替代时和无产品替代时进行比较，发现有产品替代时因成本降低而相应地产生正效益。根据成本降低幅度与相应产生正效益的大小进行排序，依次为玉米秸秆还田（2 851.09元/吨-秸秆）、制纤维素乙醇（864.73元/吨-秸秆）、发电（815.70元/吨-秸秆）、堆肥（687.49元/吨-秸秆）、制沼气（519.47元/吨-秸秆）、制饲料（4.39元/吨-秸秆）、焚烧（0.06元/吨-秸秆）。

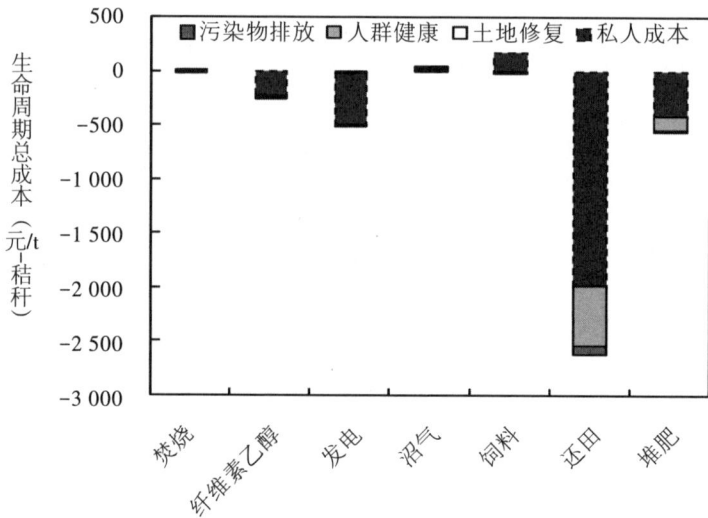

图7-15　有产品替代时玉米秸秆资源化利用的生命周期总成本

7.4　讨论

7.4.1　敏感性分析

根据国家发展和改革委员会与农业部公布的数据，我国农作物秸秆资源化利用率已经从2010年的70.6%提升到2015年的80.1%，5年间农作物秸秆资源化利用率提高9.5个百分点。以2015年农作物秸秆资源化利用率80.1%与世界平均利用率不到20%相比，目前我国农作物秸秆资源化利用率已经远远高于世界平均水平（赵希鹏，2011）。另外，随着我国经济的发展，农业生产方式、农村生活方式的改变，粮食作物秸秆的利用方式也发生了改变。因此，当前我国粮食作物秸秆资源化利用的主要问题，已经从利用量的提升问题，转变为（从环境与经济集成视角）粮食作物秸秆资源化利用质的提升问题。图6-4至图6-10、图7-8至图7-13的玉米秸秆资源化利用研究结果表明，玉米秸秆资源化利用工艺不同，对环境成本与生命周期成本（私人成本）的影响也有差异。生命周期总成本的敏感性分析结果见表7-3。

表7-3   生命周期总成本敏感性分析

秸秆处置方式	过程	变动（%）	影响（元/吨）			
			生态修复成本	人群健康成本	环境污染物排放成本	生命周期成本
焚烧	直接排放	5%	0	7.70E-04	0.3636	—
	柴油	5%	2.37E-07	1.83E-03	2.46E-3	0.11
纤维素乙醇	柴油	5%	8.27E-10	3.10E-04	3.37E-6	0.11
	酶	5%	1.57E-04	5.63E-01	0.1213	12.75
	运输	5%	6.53E-05	2.52E-01	2.23E-2	1.85
	电	5%	1.52E-05	5.40E-01	2.24E-2	3.34
直燃发电	直接排放	5%	0.00E+00	3.37E-05	0.3216	—
	柴油	5%	2.37E-07	1.83E-03	2.46E-3	0.11
	运输	5%	1.65E-05	1.22E-01	0.01	1.51
	电	5%	4.15E-06	1.48E-01	6.123E-3	0.83

续表

秸秆处置方式	过程	变动（%）	影响（元/吨）			
			生态修复成本	人群健康成本	环境污染物排放成本	生命周期成本
沼气	柴油	5%	2.37E-07	1.83E-03	2.46E-3	0.11
	添加剂	5%	1.28E-03	3.88E+00	0.17	3.55
	运输	5%	2.47E-05	1.83E-01	1.59E-2	1.73
	电	5%	2.06E-06	1.87E-01	4.07E-2	2.12
饲料	柴油	5%	2.37E-07	1.83E-03	2.46E-3	0.11
	电	5%	7.71E-06	2.76E-01	1.14E-2	1.55
还田	柴油	5%	1.28E-05	9.87E-02	13.27E-2	5.92
	添加剂	5%	6.06E-04	9.09E-01	7.11E-2	2.99
堆肥	柴油	5%	5.78E-06	2.17E+00	2.358E-2	0.78
	电	5%	1.36E-05	4.85E-01	2.00E-2	2.72
	添加剂	5%	3.00E-05	9.61E-02	6.37E-3	0.16
	运输	5%	1.99E-05	7.70E-02	6.82E-3	1.51

本研究针对玉米秸秆露天焚烧与资源化利用过程中引发的生命周期总成本关键流程的敏感性进行了分析。研究结果表明，针对玉米秸秆制纤维素乙醇，柴油消耗减少5%，生态修复成本、人群健康成本、环境污染物排放成本、生命周期成本影响类别的经济性负荷将会分别减少8.27×10^{-10}元/吨、3.10×10^{-4}元/吨、3.37×10^{-6}元/吨、0.11元/吨。针对其他工艺、其他关键流程的经济负荷的变动情况可由表6-4所示数据进行类推。如表7-3所示，就单一关键流程对总体经济影响而言，玉米秸秆制纤维素乙醇的酶的消耗减少5%时，生命周期总成本变动最大，产生的经济效益也最大；在制纤维素乙醇、直燃发电、沼气、堆肥工艺中，运输、添加剂、电力分别减少5%时，生命周期总成本变动相对较大，产生的经济效益也相对较大；而直接排放减少5%时，生命周期总

成本变动最小，取得的经济效益也最小。

针对生态修复成本影响类别，就制纤维素乙醇工艺而言，酶减少5%时，产生的经济效益最大，柴油消耗减少5%时，取得的经济效益最小；就直燃发电工艺而言，运输环节消耗减少5%时，产生的经济效益最大，直接排放减少5%时，取得的经济效益最小；就制沼气工艺而言，添加剂减少5%时，产生的经济效益最大，柴油消耗减少5%时，取得的经济效益最小；就制饲料工艺而言，电力消耗减少5%时，产生的经济效益最大，柴油消耗减少5%时，取得的经济效益最小；就还田工艺而言，添加剂消耗减少5%时，产生的经济效益最大，柴油消耗减少5%时，取得的经济效益最小；就堆肥工艺而言，添加剂消耗减少5%时，产生的经济效益最大，柴油消耗减少5%时，取得的经济效益最小。

针对人群健康影响类别，就制纤维素乙醇工艺而言，酶减少5%时，产生的经济效益最大，柴油消耗减少5%时，取得的经济效益最小；就直燃发电工艺而言，电力消耗减少5%时，产生的经济效益最大，直接排放减少5%时，取得的经济效益最小；就制沼气工艺而言，添加剂减少5%时，产生的经济效益最大，柴油消耗减少5%时，取得的经济效益最小；就制饲料工艺而言，电力消耗减少5%时，产生的经济效益最大，柴油消耗减少5%时，取得的经济效益最小；就还田工艺而言，添加剂减少5%时，产生的经济效益最大，柴油消耗减少5%时，取得的经济效益最小；就堆肥工艺而言，柴油消耗减少5%时，产生的经济效益最大，运输环节消耗减少5%时，取得的经济效益最小。

针对环境污染物排放成本影响类别，就制纤维素乙醇工艺而言，酶减少5%时，产生的经济效益最大，柴油消耗减少5%时，取得的经济效益最小；就直燃发电工艺而言，直接排放减少5%时，产生的经济效益最大，柴油消耗减少5%时，取得的经济效益最小；就制沼气工艺而言，添加剂减少5%时，产生的经济效益最大，柴油消耗减少5%时，取得的经济效益最小；就制饲料工艺而言，电力消耗减少5%时，产生的经济效益最大，柴油消耗减少5%时，取得的经济效益最小；就还田工艺而言，柴油减少5%时，产生的经济效益最大，添加剂减少5%时，取得的经济效益最小；就堆肥工艺而言，柴油消耗减少5%时，产生的经济效益最大，添加剂消耗减少5%时，取得的经济效益最小。

针对生命周期成本影响类别，就制纤维素乙醇工艺而言，酶减少5%时，产生的经济效益最大，柴油消耗减少5%时，取得的经济效益最小；就直燃发电工艺而言，运输环节消耗减少5%时，产生的经济效益最大，直接排放减少5%时，取得的经济效益最小；就制沼气工艺而言，添加剂减少5%时，产生的经济效益最大，柴油消耗减少5%时，取得的经济效益最小；就制饲料工艺而言，电力消耗减少5%时，产生的经济效益最大，柴油消耗减少5%时，取得的经济效益最小；就还田工艺而言，柴油消耗减少5%时，产生的经济效益最大，添加剂减少5%时，取得的经济效益最小；就堆肥工艺而言，电力消耗减少5%时，产生的经济效益最大，添加剂减少5%时，取得的经济效益最小。

敏感性分析结果显示，玉米秸秆资源化利用各种处置工艺的经济负荷主要来自生命周期成本（私人成本）。另外，玉米秸秆制纤维素乙醇和制沼气的主要经济负荷分别来自酶与添加剂的制备过程，玉米秸秆直燃发电和制饲料的经济负荷主要来自运输环节与电力的制备过程，而玉米秸秆还田和堆肥的主要经济负荷分别来自柴油与电力的制备过程。

上述敏感性分析结果与图6-4至图6-10、图7-8至图7-13的分析结果具有较好的一致性。总之，上述研究结果表明，提升玉米秸秆资源化利用过程中的能源和添加剂利用率，可有效降低秸秆资源化利用产生的整体经济负荷。

另外，图7-15所示的研究结果表明，当玉米秸秆资源化利用产品有产品替代时，可产生显著的潜在经济效益。就综合了环境与经济影响的生命周期总成本来说，在有产品替代时，处置每吨玉米秸秆的成本为焚烧9.43元/吨、制纤维素乙醇-248.76元/吨、发电-489.01元/吨、制沼气55.46元/吨、制饲料176.25元/吨、还田-2 614.77元/吨、堆肥

−555.98元/吨，与无产品替代时（如图7-14所示）处置每吨玉米秸秆的成本，焚烧9.49元/吨、制纤维素乙醇615.97元/吨、发电326.69元/吨、制沼气575.03元/吨、制饲料180.64元/吨、还田236.32元/吨、堆肥131.51元/吨进行比较，有产品替代时因成本降低而相应地产生正效益。根据处置每吨秸秆的成本降低幅度与相应产生正效益的大小进行排序，依次为玉米秸秆还田2 851.09元/吨、制纤维素乙醇864.73元/吨、发电815.70元/吨、堆肥687.49元/吨、制沼气519.47元/吨、制饲料4.39元/吨、焚烧0.06元/吨。这说明当玉米秸秆资源化利用产品用于替代人工合成肥料、乙醇、煤发电、天然气时，可产生显著的环境与经济综合效益。

7.4.2　LCA与LCC关联性分析

通过第5章、第6章关于玉米秸秆资源化利用的LCA、LCC实证评价研究结果，本章玉米秸秆资源化利用的LCA与LCC综合实证评价的相关研究结果，在这里重点讨论玉米秸秆资源化利用生命周期各个环节的环境与经济影响的关联性，从农户和厂商追求利益最大化的角度探讨其降低成本与减排的可行性。图7-16至图7-21中"其他"环节代表玉米秸秆资源化利用过程中对环境与经济影响较小的若干环节，因其影响较小，在这里不予讨论。

（1）玉米秸秆制纤维素乙醇全过程生命周期环境与经济影响关联分析

从图7-16中可以看出，在玉米秸秆制纤维素乙醇全过程生命周期中，直接排放、酶、电、运输四个环节的环境负荷占总体环境负荷的比例较大。其中，酶、电、运输三个环节能够在降低经济负荷的同时较大地降低环境负荷。因此，对玉米秸秆制纤维素乙醇的厂商来讲，有动力通过提高运输效率、节约用电尤其是减少酶的使用量来实现环境负荷与经济负荷的双降，从而实现环境与经济效益的双赢。另外，从图7-16可以看出，直接排放环节对环境影响较大，但对经济影响较小，所以针对玉米秸秆制纤维素乙醇的直接排放环节，政府有必要介入，通过激励型环境政策促进厂商的污染减排工作。

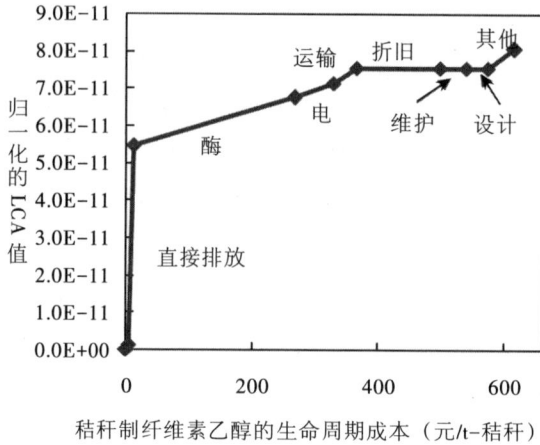

图 7-16　玉米秸秆制纤维素乙醇生命周期环境与经济影响关联图

（2）玉米秸秆直燃发电全过程生命周期环境与经济影响关联分析

从图7-17中可以看出，在玉米秸秆直燃发电全过程生命周期中，直接排放、电、柴油、水、运输五个环节的环境负荷占总体环境负荷的比例较大。其中，水和运输两个环节相对地能够在降低经济负荷的同时较大地降低环境负荷。因此，对玉米秸秆直燃发电的厂商来讲，有动力通过提高运输效率、节约用水来实现环境负荷与经济负荷的双降，从而实现环境与经济效益的双赢。另外，从图7-17可以看出，直接排放环节对环境影响较大，但对经济影响较小，所以针对玉米秸秆直燃发电的直接排放环节，政府有必要介入，通过激励型环境政策促进厂商的污染减排工作。

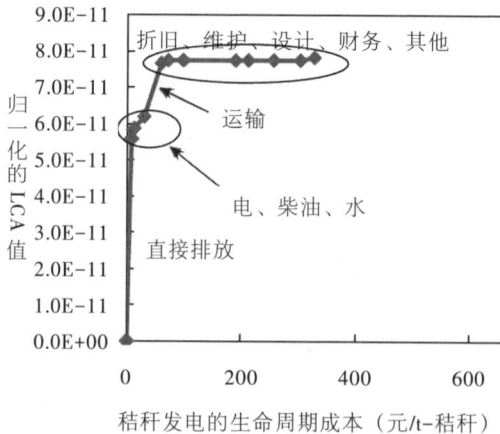

图 7-17　玉米秸秆直燃发电生命周期环境与经济影响关联图

（3）玉米秸秆制沼气全过程生命周期环境与经济影响关联分析

从图7-18中可以看出，在玉米秸秆制沼气全过程生命周期中，直接排放和添加剂两个环节的环境负荷占总体环境负荷的比例较大，并且直接排放和添加剂两个环节相对地能够在降低经济负荷的同时较大地降低环境负荷。因此，对玉米秸秆制沼气的厂商来讲，有动力通过减少直接排放、减少添加剂的使用量来实现环境负荷与经济负荷的双降，从而实现环境与经济效益的双赢。

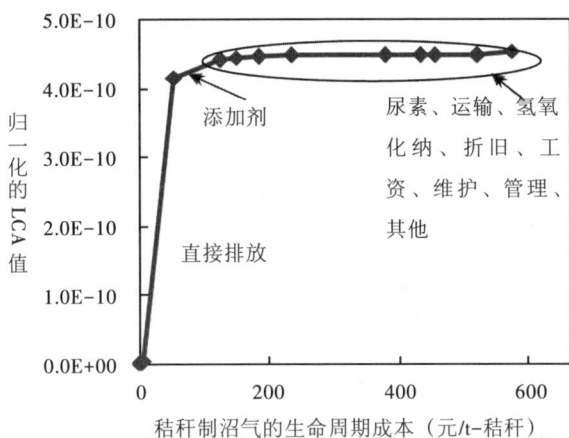

图7-18　玉米秸秆制沼气生命周期环境与经济影响关联图

（4）玉米秸秆制饲料全过程生命周期环境与经济影响关联分析

从图7-19中可以看出，在玉米秸秆制饲料全过程生命周期中，直接排放和用电两个环节的环境负荷占总体环境负荷的比例较大。其中，用电环节相对地能够在降低经济负荷的同时较大地降低环境负荷。因此，对玉米秸秆制饲料的厂商来讲，有动力通过节约用电来实现环境负荷与经济负荷的双降，从而实现环境与经济效益的双赢。另外，从图7-19中可以看出，直接排放环节对环境影响较大，但对经济影响较小，所以针对玉米秸秆制饲料的直接排放环节，政府有必要介入，通过激励型环境政策促进厂商的污染减排工作。

（5）玉米秸秆还田全过程生命周期环境与经济影响关联分析

从图7-20中可以看出，在玉米秸秆还田全过程生命周期中，添加剂、柴油、尿素三个环节的环境负荷占总体环境负荷的比例较大。

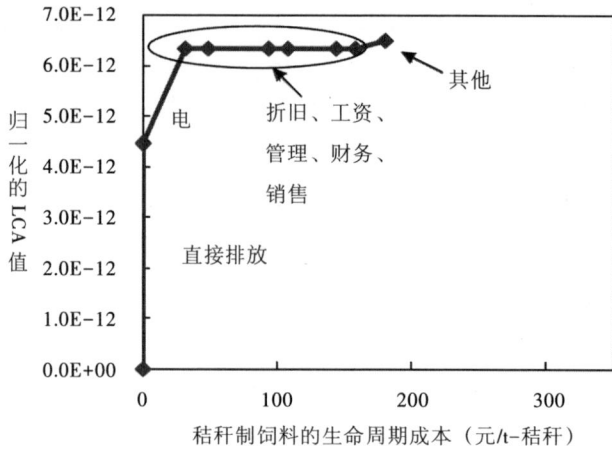

图7-19 玉米秸秆制饲料全过程生命周期环境与经济影响关联图

其中，柴油、尿素两个环节相对地能够在降低经济负荷的同时较大地降低环境负荷。因此，对玉米秸秆还田的农户来讲，有动力通过采用新型节能的农用机械、减少柴油的消耗、减少尿素的使用量来实现环境负荷与经济负荷的双降，从而实现环境与经济效益的双赢。另外，从图7-20中可以看出，添加剂使用环节对环境影响较大，但对经济影响较小，所以针对玉米秸秆还田的添加剂使用环节，政府有必要介入，通过激励型环境政策促进添加剂制造厂商在添加剂制备过程中的污染减排工作。

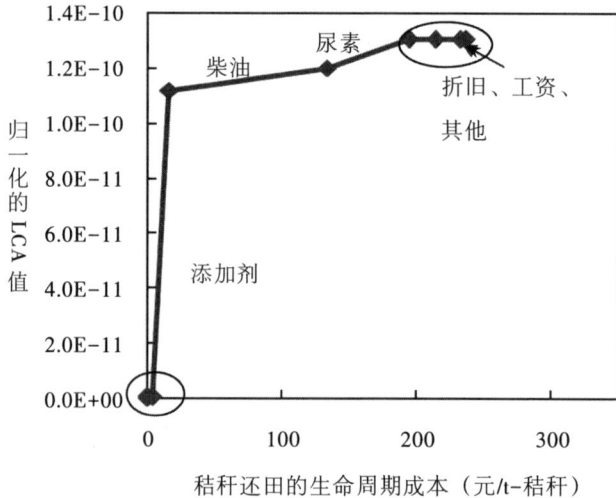

图7-20 玉米秸秆还田生命周期环境与经济影响关联图

（6）玉米秸秆堆肥全过程生命周期环境与经济影响关联分析

从图7-21中可以看出，在玉米秸秆堆肥全过程生命周期中，添加剂、电、运输、柴油四个环节的环境负荷占总体环境负荷的比例较大。其中，电、运输、柴油三个环节相对地能够在降低经济负荷的同时较大地降低环境负荷。因此，对玉米秸秆堆肥的农户来讲，有动力通过提高运输效率、节约用电尤其是减少柴油的使用量来实现环境负荷与经济负荷的双降，从而实现环境与经济效益的双赢。另外，从图7-21中可以看出，添加剂使用环节对环境的影响较大，但对经济的影响较小，所以针对玉米秸秆堆肥的添加剂使用环节，政府有必要介入，通过激励型环境政策促进添加剂制造厂商在添加剂制备过程中的污染减排工作。

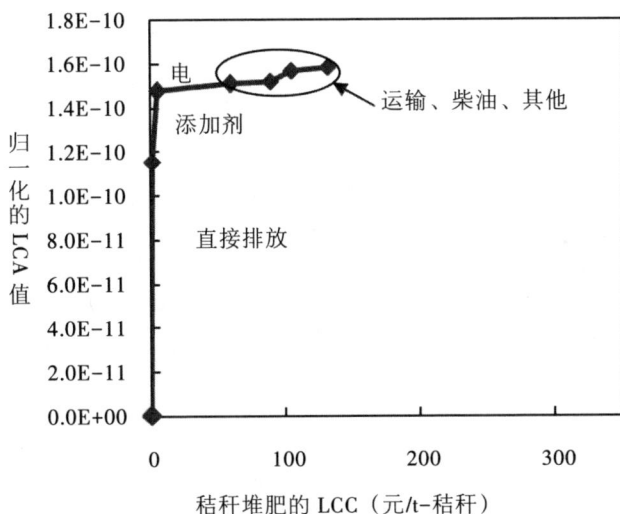

图7-21　玉米秸秆堆肥生命周期环境与经济影响关联图

总之，在玉米秸秆资源化利用过程中，针对那些对环境影响较大、对经济影响也较大的环节，农户或厂商有动力且可以通过技术工艺的改进来减少环境与经济负荷。但是，针对那些对环境影响较大、对经济影响却较小的环节，农户或厂商缺乏动力通过技术工艺的改进来减少环境负荷，所以针对这样的环节，政府有必要介入，通过激励型环境政策促进厂商的污染减排工作。

7.5　本章小结

本章以玉米秸秆资源化利用为例，利用本书第4章、第5章和第6章的研究成果，针对玉米秸秆露天焚烧、还田、制饲料、堆肥、制沼气、发电、制纤维素乙醇过程中产生的生命周期环境与经济影响进行了综合量化评价，并开展了系列分析，取得了如下主要结果：

（1）玉米秸秆制沼气的土地修复成本和人群健康成本最高。此外，与土地修复成本相比，人群健康成本相对较高，这在一定程度上暗示了我国土地修复意愿还有待提升。

（2）除玉米秸秆露天焚烧以外的所有资源化利用工艺的生命周期成本都明显高于土地修复、人群健康与环境污染物排放等生命周期环境成本。

（3）汞、氮氧化物和二氧化硫的排放是玉米秸秆资源化利用过程提高生命周期环境成本的关键物质。

（4）电力消耗、柴油、添加剂是影响玉米秸秆资源化利用生命周期环境成本的关键流程。

（5）敏感性分析结果显示，玉米秸秆资源化利用各种处置工艺的经济负荷主要来自生命周期成本（私人成本）。另外，提升玉米秸秆资源化利用过程中的能源和添加剂利用率，可有效降低玉米秸秆资源化利用产生的整体经济负荷。

（6）玉米秸秆资源化利用有产品替代时，可产生显著的潜在经济效益。就集成了环境与经济影响的生命周期总成本来说，在有产品替代时，处置每吨玉米秸秆的成本由低到高排序为还田-2 614.77元/吨、堆肥-555.98元/吨、发电-489.01元/吨、制纤维素乙醇-248.76元/吨、焚烧9.43元/吨、制沼气55.46元/吨、制饲料176.25元/吨；无产品替代时处置每吨玉米秸秆的成本由低到高排序为焚烧9.49元/吨、堆肥131.51元/吨、制饲料180.64元/吨、还田236.32元/吨、发电326.69元/吨、制沼气575.03元/吨、制纤维素乙醇615.97元/吨。对二者进行比较可以发现，有产品替代时因成本降低而相应地产生正效益。根据处置每吨秸秆的成本降低幅度与相应产生正效益的大小进行排序，依次为玉米秸秆还田 2 851.09 元/吨、制纤维素乙醇 864.73 元/吨、发电 815.70 元/吨、堆肥 687.49 元/吨、制沼气 519.47 元/吨、制饲料 4.39 元/吨、焚烧 0.06 元/吨。这说明当玉米秸秆资源化利用产品用于替代人工合成肥料、乙醇、煤发电、天然气时，可产生显著的环境与经济集成效益。

（7）在玉米秸秆资源化利用过程中，针对那些对环境影响较大、对经济影响也较大的环节，农户或厂商有动力通过技术工艺的改进来减少环境与经济负荷。但是，针对那些对环境影响较大、对经济影响却较小的环节，农户或厂商缺乏动力通过技术工艺的改进来减少环境负荷，所以针对这样的环节，政府有必要介入，通过激励型环境政策促进厂商的污染减排工作。

第8章 结论与政策建议

8.1 主要结论

本研究以我国粮食作物秸秆露天焚烧与资源化利用的主要处置方式为研究对象，认为当前资源化利用的研究重点应从"量"的提高转变为"质"的提高。基于上述思想，首先考量了我国粮食作物秸秆的产出量和露天焚烧污染物排放的空间分布特征，揭示了资源化发展基础和发展动因；其次分别从 LCA 和 LCC 的视角，并以粮食作物秸秆中典型的玉米秸秆为例，考量了其资源化利用主要处置方式的环境负荷与经济负荷，揭示了环境负荷和经济负荷的关键流程与关键物质；最后从 LCA 与 LCC 集成的视角进一步比较研究了各种处置方式的环境与经济综合负荷，旨在揭示可持续发展条件下几种主要处置方式的优劣。主要研究结论包括：

第一，控制粮食作物秸秆的露天焚烧，将有助于减少雾霾天气。从粮食作物秸秆露天焚烧量与污染物排放的空间分布来看，焚烧量最多的地区是黑龙江、河南两地，其次为内蒙古、吉林、辽宁、河北、山东、湖北、安徽等地，西藏和云南无粮食作物秸秆焚烧。另外，2014年度我国粮食作物露天焚烧导致的温室气体、氮氧化物、颗粒物与二氧化硫排放量分别占全国相应排放总量的0.01%、0.05%、1.24%、0.01%。数据显示，作为雾霾形成重要原因的颗粒物排放量占比较高。

第二，从基于LCA的环境影响评价来看，玉米秸秆资源化利用过程中排放的铬、二氧化硫与氮氧化物是产生潜在环境影响的关键物质，化学药剂的消耗、直接排放、电力与柴油的使用是产生潜在环境影响的关键流程。另外，无产品替代时，依据其环境负荷由低到高排序，依次为玉米秸秆制饲料、发电、制纤维素乙醇、还田、堆肥、制沼气；有产品替代时，依据其环境负荷由低到高排序，依次为玉米秸秆发电、制饲料、制纤维素乙醇、还田、堆肥、制沼气。

第三，从基于LCC的经济影响评价来看，有产品替代是玉米秸秆资源化利用降低生命周期成本的关键流程。另外，无产品替代时，依据其经济负荷由低到高排序，依次为玉米秸秆堆肥126.67元/吨、制饲料179.99元/吨、还田220.73元/吨、发电317.78元/吨、制沼气522.03元/吨、制纤维素乙醇604.56元/吨；有产品替代时，依据其经济负荷由低到高排序，依次为玉米秸秆还田-1 978.87元/吨、发电-482.72元/吨、堆肥-403.72元/吨、制纤维素乙醇-214.35元/吨、制沼气17.78元/吨、制饲料178.98元/吨。

第四，基于LCA与LCC综合评价的结果表明，玉米秸秆资源化利用在有产品替代时，可显著地降低环境与经济的综合负荷。在无产品替代时，按生命周期总成本由低到高排序，依次为堆肥131.51元/吨、制饲料180.64元/吨、还田236.32元/吨、发电326.69元/吨、制沼气575.03元/吨、制纤维素乙醇615.97元/吨；在有产品替代时，按生命周期总成本由低到高排序，依次为还田-2 614.77元/吨、堆肥-555.98元/吨、发电-489.01元/吨、制纤维素乙醇-248.76元/吨、制沼气55.46元/吨、制饲料176.25元/吨。由于有产品替代时的秸秆还田和秸秆堆肥的集成负荷最低，所以应该优先发展。

第五，从影响生命周期环境成本的关键物质和关键流程来看，汞、氮氧化物和二氧化硫的排放是影响生命周期环境成本的关键物质；电力消耗、柴油、添加剂是影响生命周期环境成本的关键流程。基于上述原因，可以通过资源化利用技术工艺的改进，降低环境成本。

第六，从LCA与LCC的关联性来看，针对环境影响较大、经济影响却较小的环节，政府需通过激励型环境政策促进厂商的污染减排工作。在玉米秸秆资源化利用过程中，针对那些对环境影响较大、对经济影响也较大的环节，农户或厂商有动力且可以通过技术工艺的改进来减少环境与经济负荷。但是，针对那些对环境影响较大、对经济影响却较小的环节，农户或厂商缺乏动力通过技术工艺的改进来减少环境负荷。所以针对这样的环节，政府有必要介入。

8.2 我国粮食作物秸秆资源化利用的政策建议

根据本研究的研究成果，并结合本章前述我国粮食作物秸秆资源化利用的现行政策，为提高中国农作物秸秆综合利用水平，保护生态环境，加快农业循环经济和低碳农业发展，提出如下政策建议：

（1）加大秸秆露天焚烧禁止力度，促进资源化利用

节约资源、保护环境是我国的基本国策，政府需要加大秸秆露天焚烧禁止力度，促进资源化利用。根据本研究的研究结果，首先，从环境影响的角度来看，2014年度我国因粮食作物秸秆焚烧排放二氧化碳6 100万吨、一氧化碳223万吨、甲烷4.95万吨、氮氧化物10.2万吨、颗粒物21.6万吨、二氧化硫2 030吨、多环芳烃639.08吨。其中，温室气体、氮氧化物、颗粒物与二氧化硫排放量分别占全国相应排放总量的0.01%、0.05%、1.24%、0.01%。颗粒物占比较高，而且颗粒物是形成雾霾的重要原因。此外，排放到大气中的氮氧化物与二氧化硫，可与大气中的氧化剂臭氧（O_3）和氢氧自由基（OH）反应，形成二次颗粒物（即气溶胶态的硫酸盐和硝酸盐），加速了雾霾的形成。此外，粮食作物秸秆露天焚烧与资源化利用在有产品替代时，依据其环境总负荷由高到低排序，依次为秸秆制沼气、焚烧、堆肥、还田、制纤维素乙醇、制饲料、发电。与无产品替代时相比，按产生的环境效益大小排序，依

次为秸秆还田、堆肥、制纤维素乙醇、发电、制沼气、制饲料、焚烧。
其次，从经济影响的角度来看，无产品替代时处置每吨秸秆的生命周期
成本由低到高排序依次为玉米秸秆焚烧2.14元/吨、堆肥126.67元/吨、
制饲料179.99元/吨、还田220.73元/吨、发电317.78元/吨、制沼气
522.03元/吨、制纤维素乙醇604.56元/吨。上述研究结果说明，秸秆露
天焚烧环境负荷较大，有产品替代时产生的环境效益最小，秸秆露天焚
烧成本最低。这同时也能够解释，作为秸秆焚烧主体的农户尽管可能意
识到秸秆焚烧的环境危害比较大，但出于经济利益最大化的考量，倾向
于选择处置成本最低的秸秆露天焚烧方式，且缺乏选择其他处置方式的
动力。但是，对我国社会经济的可持续发展而言，粮食作物秸秆资源化
利用需要注重的是有产品替代时的整体利益，而不是农户出于个体利益
考量的无产品替代时的利益。因此，政府应从可持续发展的角度，加大
秸秆露天焚烧禁止力度，提高农户的违约成本；同时，促进秸秆的资源
化利用，将有助于解决困扰全国的雾霾天气问题。

（2）鼓励环境经济总负荷较低的秸秆资源化利用方式

明确粮食作物秸秆资源化利用的主导方式，鼓励环境经济总负荷较
低的秸秆资源化利用方式。根据本研究的研究结果，粮食作物秸秆资源
化利用产品有产品替代时，可显著降低环境与经济负荷。针对集成了环
境与经济影响的生命周期总成本来说，在有产品替代时，处置每吨玉米
秸秆的成本由低到高排序依次为还田-2 614.77元/吨、堆肥-555.98元/
吨、发电-489.01元/吨、制纤维素乙醇-248.76元/吨、制沼气55.46元/
吨、制饲料176.25元/吨；无产品替代时处置每吨玉米秸秆的成本由低
到高排序依次为堆肥131.51元/吨、制饲料180.64元/吨、还田236.32元/
吨、发电326.69元/吨、制沼气575.03元/吨、制纤维素乙醇615.97元/
吨。对二者进行比较可以发现，有产品替代时会显著降低粮食作物秸秆
的处置成本。这说明当粮食作物秸秆资源化利用产品用于替代人工合成
肥料、乙醇、煤发电、天然气时，可显著降低环境与经济负荷。目前，
国家正在推进粮食作物秸秆资源化利用，并对秸秆还田、制饲料、堆
肥、制沼气、发电、制纤维素乙醇等资源化利用方式给予不同的税收优
惠、财政补贴等政策支持。根据本研究的研究结果，我们认为，国家应

从可持续发展的角度重新整合资源，按环境经济总负荷由低到高的顺序，优先、依次对还田、堆肥、发电、制纤维素乙醇、制沼气、制饲料等资源化利用方式进行资源重新分配，更好地促进粮食作物秸秆资源化利用"质"的提高。

（3）鼓励秸秆资源化利用技术工艺的改进

粮食作物秸秆资源化利用的可持续发展需要以先进的技术工艺作为保障。根据本研究的研究结果，汞、氮氧化物和二氧化硫的排放是秸秆资源化利用过程提高生命周期环境成本的关键物质；电力消耗、柴油、添加剂是影响秸秆资源化利用生命周期环境成本的关键流程；化学药剂的消耗、直接排放、电力与柴油的使用是产生潜在环境影响的关键流程。因此，在还田、制饲料、堆肥、制沼气、发电、制纤维素乙醇等粮食作物秸秆资源化利用技术工艺方面，国家应该根据各种不同的秸秆资源化利用技术工艺的环境影响与经济影响，以及其关键物质和关键流程，有针对性地提出相关政策，如技术研发方面的税收优惠、财政补贴、金融支持等，促进技术工艺革新，鼓励环境友好的粮食作物秸秆资源化利用技术工艺的改进。另外，在粮食作物秸秆资源化利用过程中，针对那些对环境影响较大、对经济影响也较大的技术工艺环节，农户或厂商有动力且可以通过技术工艺的改进来减少环境与经济负荷。但是，针对那些对环境影响较大、对经济影响却较小的技术工艺环节，农户或厂商缺乏动力通过技术工艺的改进来减少环境负荷。所以针对这样的环节，政府有必要介入，通过激励型环境政策促进厂商的污染减排工作。

8.3　研究的不足与展望

（1）研究的不足

第一，粮食作物秸秆资源化利用作为一项非常复杂的系统工程，不仅涉及经济的可持续性、环境的可持续性，还涉及社会发展的可持续性。本研究仅从生命周期环境与经济的维度对粮食作物秸秆资源化利用进行了评价，欠缺生命周期社会维度的评价。

第二，本研究对环境成本的计算主要采用的是直接市场法。目前，虽然有许多环境成本的计算方法，但都有其局限性，所以可能会影响环境成本测度的科学性。

（2）未来展望

本研究从生命周期环境与经济的维度对我国粮食作物秸秆资源化利用主要处置方式的技术工艺进行了评价，未来还需要从以下三个方面进行进一步的深入研究：

第一，对不同的粮食作物种植阶段，以及粮食作物秸秆资源化利用产品的使用、回收、处置阶段进行生命周期环境与经济综合评价研究。

第二，生命周期社会视角的评价研究将是本人今后继续努力的研究方向之一，尤其是社会层面的量化研究。

第三，继续深入研究环境负荷的经济性测度方法，使其更具科学性。

参考文献

[1] 毕于运，王亚静，高春雨．中国主要秸秆资源数量及其区域分布 [J]．农机化研究，2010，32（3）：1-7．

[2] 蔡亚庆，仇焕广，徐志刚．中国各区域秸秆资源可能源化利用的潜力分析 [J]．自然资源学报，2011，26（10）：1637-1646．

[3] 曹成茂，马友华，刘伟伟，等．安徽省秸秆能源化利用的实践与构想 [J]．生态经济（中文版），2010（8）：88-91．

[4] 曹国良，张小曳，王亚强，等．中国区域农田秸秆露天焚烧排放量的估算 [J]．科学通报，2007，52（15）：1826-1831．

[5] 陈建华，郭菊娥，席酉民，等．秸秆替代煤发电的外部效应测算分析 [J]．中国人口·资源与环境，2009，19（4）：165-171．

[6] 陈丽欢，李毅念，丁为民，等．基于作业成本法的秸秆直燃发电物流成本分析 [J]．农业工程学报，2012，28（4）：199-203．

[7] 崔和瑞，艾宁．秸秆气化发电系统的生命周期评价研究 [J]．技术经济，2010（11）．

[8] 丁文斌，王雅鹏，徐勇．生物质能源材料——主要农作物秸秆产量潜力分析 [J]．中国人口·资源与环境，2007，17（5）：84-89．

[9] 方艳茹，廖树华，王林风，等．小麦秸秆收储运模型的建立及成本分析研究 [J]．中国农业大学学报，2014，19（2）：28-35．

[10] 冯超，马晓茜．秸秆直燃发电的生命周期评价 [J]．太阳能学报，2008，29（6）：711-715．

[11] 冯伟，张利群，庞中伟，等．中国秸秆废弃焚烧与资源化利用的经济与环境分析［J］．中国农学通报，2011，27（6）：350-354．

[12] 傅志华，王向阳，王桂娟．构建支持农村生物质能源发展的政策体系［J］．经济研究参考，2008（7）：9-24．

[13] 高雪松，邓良基，张世熔，等．成都平原典型秸秆循环利用模式的生命周期评价［J］．土壤，2016，48（2）：395-400．

[14] 郭菊娥，薛冬，陈建华，等．秸秆发电项目的政府优惠政策选择［J］．西安交通大学学报（社会科学版），2008，28（2）：14-18．

[15] 韩佳慧，杨扬，张景来．利用回归模型比较秸秆利用方式［J］．安徽科技学院学报，2009，23（6）：87-91．

[16] 韩庆兰，康洁．基于LCC视角的产品回收处置过程综合评价［J］．科技管理研究，2016，36（5）：47-50．

[17] 韩庆兰，水会莉．产品生命周期成本理论应用研究综述［J］．财务与金融，2012（3）：33-38．

[18] 何立明，王文杰，等．中国秸秆焚烧的遥感监测与分析［J］．中国环境监测，2007，23（01）：42-50．

[19] 何玉凤，钱文珍，王建凤，等．废弃生物质材料的高附加值再利用途径综述［J］．农业工程学报，2016，32（15）：1-8．

[20] 侯倩．生命周期评价及生命周期成本分析集成方法研究［D］．天津：天津大学，2015．

[21] 霍李江．生命周期评价（LCA）综述［J］．中国包装，2003（1）：42-46．

[22] 霍丽丽，赵立欣，等．秸秆能源化利用的供应模式研究［J］．可再生能源，2016，34（7）：1072-1078．

[23] 贾秀飞，叶鸿蔚．秸秆焚烧污染治理的政策工具选择——基于公共政策学、经济学维度的分析［J］．干旱区资源与环境，2016，30（1）：36-41．

[24] 蒋冬梅，诸培新，李效顺．生物质秸秆资源发电的综合效益量化分析——以江苏省射阳县秸秆发电厂为例［J］．资源科学，2008，30（9）：1307-1312．

[25] 解恒参，赵晓倩．农作物秸秆综合利用的研究进展综述［J］．环境科学与管理，2015，40（1）：86-90．

[26] 康建斌，李骅，缪培仁，等．水稻秸秆饲料汽爆加工工艺改进与优化［J］．南京农业大学学报，2015，38（2）：345-349．

[27] 李建政．秸秆还田农户意愿与机械作业收益实证研究［D］．北京：中国农业科学院，2011．

[28] 李涛，何春娥，葛晓颖，等．秸秆还田施氮调节碳氮比对土壤无机氮、酶

活性及作物产量的影响 [J]. 中国生态农业学报，2016，24 (12)：1633-1642.

[29] 李欣，娄世玲，杨麒，等. 基于生命周期能值分析的秸秆能源化利用方式的对比评价 [J]. 环境工程学报，2016，10 (8)：4607-4614.

[30] 李有兵，李硕，李秀双，等. 不同秸秆还田模式的土壤质量综合评价 [J]. 西北农林科技大学学报（自然科学版），2016，44 (10)：133-140.

[31] 连淑娟，师晓爽，袁宪正，等. 农业秸秆湿干两级厌氧发酵制沼气技术 [J]. 化工学报，2014，65 (5)：1906-1912.

[32] 蔺吉顺，李理，刘东华. 秸秆有机肥速酵釜及秸秆有机肥生产工艺 [J]. 中国科技论文，2015 (22)：2637-2641.

[33] 刘华财，阴秀丽，吴创之. 秸秆供应成本分析研究 [J]. 农业机械学报，2011，42 (1)：106-112.

[34] 刘俊伟，田秉晖，张培栋，等. 秸秆直燃发电系统的生命周期评价 [J]. 可再生能源，2009，27 (5)：102-106.

[35] 刘清泉，江华. 可持续发展视角下林业全要素生产率及影响因素——来自广东的证据 [J]. 农村经济，2014 (1)：39-43.

[36] 刘欣，曹磊，崔向冬，等. 秸秆粉碎还田机械化技术及机具研究 [J]. 农业科技与装备，2013 (3)：57-58.

[37] 刘远，方志耕，郝晶晶. 全生命周期视角下复杂产品成本控制方法 [J]. 统计与决策，2015 (3)：170-173.

[38] 刘志彬. 中国生物质发电潜力评估与产业发展研究 [D]. 北京：中国农业科学院，2015.

[39] 卢萍. 我国农业可持续发展的瓶颈及出路探析 [J]. 理论探讨，2014 (6)：85-88.

[40] 卢文冰.秸秆为原料的户用沼气投料技术要点 [J].吉林农业（学术版），2012 (11)：132-133.

[41] 马放，张晓先，王立. 秸秆能源化工程原料运输半径经济和环境评价 [J]. 哈尔滨工业大学学报，2015，47 (8)：48-53.

[42] 马骥. 我国农户秸秆就地焚烧的原因：成本收益比较与约束条件分析——以河南省开封县杜良乡为例 [J]. 农业技术经济，2009 (2)：77-84.

[43] 梅付春. 秸秆焚烧污染问题的成本-效益分析——以河南省信阳市为例 [J]. 环境科学与管理，2008，33 (1)：30-32.

[44] 彭春艳，罗怀良，孔静. 中国作物秸秆资源量估算与利用状况研究进展 [J]. 中国农业资源与区划，2014 (3)：14-20.

[45] 彭小瑜，吴喜慧，吴发启，等. 陕西关中地区冬小麦-夏玉米轮作系统生命

周期评价 [J]. 农业环境科学学报，2015 (4)：809-816.

[46] 齐天宇，欧训民，等. 我国生物质直燃发电区域成本及发展潜力分析 [J].
可再生能源，2011，29 (2)：115-118.

[47] 钱海燕，杨滨娟，黄国勤，等. 秸秆还田配施化肥及微生物菌剂对水田土
壤酶活性和微生物数量的影响 [J]. 生态环境学报，2012，21 (3)：
440-445.

[48] 钱加荣，穆月英，陈阜，等. 我国农业技术补贴政策及其实施效果研
究——以秸秆还田补贴为例 [J]. 中国农业大学学报，2011，16 (2)：
165-171.

[49] 任昶宇，向婉琳. 秸秆焚烧对生态环境的影响与资源化利用的思考 [J].
农村经济，2015 (4).

[50] 日比宗平. 寿命周期费用评价法：方法及实例 [M]. 高克凛，李敏，译. 北
京：机械工业出版社，1984.

[51] 商宇薇，吴新，吴凯，等. 秸秆直燃锅炉燃烧数值模拟 [J]. 太阳能学报，
2014，35 (7)：1210-1217.

[52] 佘晓华，赵永亮. 水稻秸秆还田技术研究与应用 [J]. 农业工程，2013，
3 (1)：10-12.

[53] 时春雨. 秸秆资源发电的经济效益分析与发展对策分析 [J]. 科学中国人，
2015 (21).

[54] 宋安东，任天宝，张百良. 玉米秸秆生产燃料乙醇的经济性分析 [J]. 农
业工程学报，2010，26 (6)：283-286.

[55] 孙宁，王飞，孙仁华，等. 国外农作物秸秆主要利用方式与经验借鉴 [J].
中国人口资源与环境，2016 (S1)：469-474.

[56] 田望，廖翠萍，李莉，等. 玉米秸秆基纤维素乙醇生命周期能耗与温室气
体排放分析 [J]. 生物工程学报，2011，27 (3)：516-525.

[57] 王铖铖. 桥梁工程生命周期环境影响评价与成本分析集成方法研究 [D].
武汉：武汉理工大学，2012.

[58] 王红彦，毕于运，王道龙，等. 秸秆沼气集中供气工程经济可行性实证与
模拟分析 [J]. 中国沼气，2014，32 (1)：75-78.

[59] 王红彦，王飞，孙仁华，等. 国外农作物秸秆利用政策法规综述及其经验
启示 [J]. 农业工程学报，2016，32 (16)：216-222.

[60] 王立彦. 环境成本与GDP有效性 [J]. 会计研究，2015 (3)：3-11.

[61] 王丽. 不同预处理工艺生产纤维素乙醇的技术经济分析 [D]. 大连：大连
理工大学，2015..

[62] 王丽琴. 生命周期评价与生命周期成本的集成与优化研究 [D]. 武汉：华中科技大学，2007.

[63] 王璐璐，蔡国林，朱德伟，等. 球磨预处理和固态发酵对玉米秸秆饲用品质的影响 [J]. 食品与生物技术学报，2014，33（11）：1148-1153.

[64] 王奇. 秸秆生产乙醇预处理的研究现状分析 [J]. 生物质化学工程，2012，46（5）：53-58.

[65] 王俏丽. 秸秆制沼气过程生命周期评价及其敏感性分析 [D]. 杭州：浙江大学，2015.

[66] 王瑞丽，魏楷峰，刘洋，等. 饲料用秸秆丝化多频快速压缩成型工艺参数优化 [J]. 农业工程学报，2016，32（21）：277-281.

[67] 王舒娟，蔡荣. 农户秸秆资源处置行为的经济学分析 [J]. 中国人口资源与环境，2014，24（8）：162-167.

[68] 吴海涛，周晶，陈玉萍. 秸秆能源化利用中资源供应持续性分析 [J]. 中国人口资源与环境，2013，23（2）：51-57.

[69] 吴宏伟，朱竹清，刘咏梅. 秸秆焚烧的治理困境及其经济学分析 [J]. 农村经济，2014（11）：111-115.

[70] 肖体琼，何春霞，凌秀军，等. 中国农作物秸秆资源综合利用现状及对策研究 [J]. 世界农业，2010（12）：31-33.

[71] 谢光辉，韩东倩，王晓玉等. 中国禾谷类大田作物收获指数和秸秆系数 [J]. 中国农业大学学报，2011，16（1）：1-8.

[72] 徐亚云，田宜水，赵立欣，等. 不同农作物秸秆收储运模式成本和能耗比较 [J]. 农业工程学报，2014，30（20）：259-267.

[73] 徐泽敏，赵国明，牟莉. 秸秆沼气工程湿法发酵工艺参数优化研究 [J]. 农机化研究，2014（11）：218-221.

[74] 颜廷武，何可，崔蜜蜜，等. 农民对作物秸秆资源化利用的福利响应分析——以湖北省为例 [J]. 农业技术经济，2016（4）：28-40.

[75] 杨娟. 纤维素乙醇的工艺流程模拟及技术经济分析 [D]. 大连：大连理工大学，2014.

[76] 袁梅. 河南省秸秆综合利用途径与对策 [J]. 地域研究与开发，2013，32（6）：145-148.

[77] 袁文华. 作物秸秆循环利用的品牌经济学研究及案例分析 [J]. 中国人口·资源与环境，2012，22（12）：154-158.

[78] 张兵，张宁，李丹，等. 江苏省秸秆类农业生物质能源分布及其利用的效益 [J]. 长江流域资源与环境，2012，21（2）：181.

[79] 张国兴，郭菊娥，席酉民，等. 政府对秸秆替代煤发电的补贴策略研究

[J]. 管理评论，2008，20（5）：33-36.

[80] 张琳，尹少华. 焚烧秸秆：外部性及政府管制分析 [J]. 华商，2007（Z2）：91-93.

[81] 张伟，林燕，刘妍. 利用秸秆制备燃料乙醇的关键技术研究进展 [J]. 化工进展，2011，30（11）：2417-2423.

[82] 张亚平，孙克勤，左玉辉，等. 中国发展能源农业的效益评价与区域分析 [J]. 资源科学，2009，31（12）：2080-2085.

[83] 张艳丽，高新星，王爱华，等. 我国生物质燃料乙醇示范工程的全生命周期评价 [J]. 可再生能源，2009（6）.

[84] 张燕. 中国秸秆资源"5F"利用方式的效益对比探析 [J]. 中国农学通报，2009，25（23）：45-51.

[85] 张屹山，崔晓. 资源、环境与农业可持续发展——物料平衡原则下的省级农业环境效率计算 [J]. 农业技术经济，2014（6）：21-30.

[86] 张予，林惠凤，李文华. 生态农业：农村经济可持续发展的重要途径 [J]. 农村经济，2015（7）：95-99.

[87] 赵晨，崔馨月，刘广青，等. 提高玉米秸秆厌氧消化产气能力的预处理技术研究进展 [J]. 生态与农村环境学报，2015（5）：640-646.

[88] 赵兰，冷云伟，任恒星，等. 大型秸秆沼气集中供气工程生命周期评价 [J]. 安徽农业科学，2010，38（34）：19462-19464.

[89] 赵薇. 基于准动态生态效率分析的可持续城市生活垃圾管理 [D]. 天津：天津大学，2009.

[90] 赵希鹏. 农作物秸秆的综合开发利用现状 [J]. 广州化工，2011，39（22）：17-19.

[91] 赵新华. 浅谈机械化秸秆还田工艺及技术要点 [J]. 农业技术与装备，2016（1）：73-74.

[92] 钟华平，岳燕珍，樊江文. 中国作物秸秆资源及其利用 [J]. 资源科学，2003，25（4）：62-67.

[93] 朱金陵，王志伟，师新广，等. 玉米秸秆成型燃料生命周期评价 [J]. 农业工程学报，2010（6）.

[94] 朱立志. 我国农业可持续发展的内涵、挑战与战略思路 [J]. 理论探讨，2014（4）：73-76.

[95] 朱圆圆，杨金龙，朱均均，等. 稀硫酸-氢氧化钙联合预处理玉米秸秆制乙醇 [J]. 林产化学与工业，2015，35（6）：89-95.

[96] BANOWETZ G M, BOATENG A A, STEINER J J, et al. Assessment of straw biomass feedstock resources in the Pacific Northwest [J].

Biomass & Bioenergy, 2008, 32（7）: 629-634.

[97] BARAL A, BAKSHI B R, SMITH R L, et al.Assessing resource intensity and renewability of cellulosic ethanol technologies using eco-LCA ［J］. Environmental Science & Technology, 2012, 46（4）: 2436-2444.

[98] BARE J C, NORRIS G A, PENNINGTON D W, et al.TRACI the tool for the reduction and assessment of chemical and other environmental impacts ［J］. Journal of Industrial Ecology, 2003: 49-78.

[99] BORRION A L, MCMANUS M C, HAMMOND G P, et al. Environmental life cycle assessment of bioethanol production from wheat straw ［J］. Biomass & Bioenergy, 2012: 9-19.

[100] BOSCHIERO M, CHERUBINI F, NATI C, et al.Life cycle assessment of bioenergy production from orchards woody residues in Northern Italy ［J］. Journal of Cleaner Production, 2016: 2569-2580.

[101] CAO G, ZHANG X, GONG S, et al.Investigation on emission factors of particulate matter and gaseous pollutants from crop residue burning ［J］. Journal of Environmental Sciences-china, 2008, 20（1）: 50-55.

[102] CHEN W, HONG J, YUAN X, et al. Environmental impact assessment of monocrystalline silicon solar photovoltaic cell production: a case study in China ［J］. Journal of Cleaner Production, 2016: 1025-1032.

[103] CUI X, HONG J, GAO M, et al. Environmental impact assessment of three coal-based electricity generation scenarios in China ［J］. Energy, 2012, 45（1）: 952-959.

[104] CURRAN M A.The status of life-cycle assessment as an environmental management tool ［J］. Environmental Progress, 2004, 23（4）: 277-283.

[105] DE SCHRYVER A M, BRAKKEE K W, GOEDKOOP M, et al. Characterization factors for global warming in life cycle assessment based on damages to humans and ecosystems ［J］. Environmental Science & Technology, 2009, 43（6）: 1689-1695.

[106] DELIVAND M K, BARZ M, GHEEWALA S H, et al. Logistics cost analysis of rice straw for biomass power generation in Thailand ［J］. Energy, 2011, 36（3）: 1435-1441.

[107] EKMAN A, WALLBERG O, JOELSSON E, et al. Possibilities for sustainable biorefineries based on agricultural residues—a case study of potential straw-based ethanol production in Sweden ［J］. Applied Energy,

2013：299-308.

[108] ELBINDARY A A, ELSONBATI A Z, ALSARAWY A A, et al. Adsorption and thermodynamic studies of hazardous azocoumarin dye from an aqueous solution onto low cost rice straw based carbons [J]. Journal of Molecular Liquids, 2014：71-78.

[109] FORTE A, ZUCARO A, BASOSI R, et al. LCA of 1, 4-butanediol produced via direct fermentation of sugars from wheat straw feedstock within a territorial biorefinery [J]. Materials, 2016, 9 (7).

[110] GABRIELLE B, GAGNAIRE N. Life-cycle assessment of straw use in bio-ethanol production：a case study based on biophysical modelling [J]. Biomass & Bioenergy, 2008, 32 (5)：431-441.

[111] GAO J, TI C, CHEN N, et al. Environmental comparison of straw applications based on a life cycle assessment model and emergy evaluation [J]. Bioresources, 2014, 10 (1)：548-565.

[112] GHAFFAR S H, FAN M, MCVICAR B, et al. Bioengineering for utilisation and bioconversion of straw biomass into bio-products [J]. Industrial Crops and Products, 2015：262-274.

[113] GIANNOCCARO G, DE GENNARO B C, DE MEO E, et al. Assessing farmers' willingness to supply biomass as energy feedstock：cereal straw in apulia (Italy) [J]. Energy Economics, 2016：179-185.

[114] GIUNTOLI J, BOULAMANTI A K, CORRADO S, et al. Environmental impacts of future bioenergy pathways：the case of electricity from wheat straw bales and pellets [J]. Gcb Bioenergy, 2013, 5 (5)：497-512.

[115] GOEDKOOP M, HEIJUNGS R, HUIJBREGTS M A J, et al. Recipe 2008 [J]. Minds & Machines, 2009 (4)：595-599.

[116] GUO X Y, RUAN J W, CAI Z S, et al. Analysis on the technology of crop straw curing molding for energy-oriented using [J]. Applied Mechanics and Materials, 2013：2328-2332.

[117] POTTING J, HAUSCHILD M Z. Background for spatial differentiation in life cycle impact assessment [J]. The EDIP2003 methodology, 2004.

[118] HERMANN B G, DEBEER L, WILDE B D, et al. To compost or not to compost：LCA of biodegradable materials' waste treatment [J]. Polymer Degradation & Stability, 2011, 96 (6)：1159-1171.

[119] HIJAZI O, MUNRO S, ZERHUSEN B, et al. Review of life cycle assessment for biogas production in Europe [J]. Renewable &

Sustainable Energy Reviews，2016：1291-1300.

[120] HONG J，ZHOU J，et al. Environmental and economic life cycle assessment of aluminum-silicon alloys production：a case study in China [J]. Journal of Cleaner Production，2012，24：11-19.

[121] HONG J，ISMAIL Z Z，et al. Environmental and economic assessment of recycled aluminum alloy production-a case study of China [J]. Advanced Materials Research，2011：1027-1030.

[122] HONG J，LI X. Improving life cycle human toxicity assessment in pre-training electrolytic aluminum industry for polycyclic aromatic hydrocarbons [J]. Advanced Materials Research，2011：247-251.

[123] HONG J，LI X. Speeding up cleaner production in China through the improvement of cleaner production audit [J]. Journal of Cleaner Production，2013：129-135.

[124] HONG J，XU C，et al. Life cycle assessment of sewage sludge co-incineration in a coal-based power station [J]. Waste management，2013，33（9）：1843-1852.

[125] HONG J，YU Z，et al. Life cycle environmental and economic assessment of lead refining in China [J]. International Journal of Life Cycle Assessment，2016：1-10.

[126] HONG J，ZHOU J，et al. Environmental and economic impact of furfuralcohol production using corncob as a raw material [J]. International Journal of Life Cycle Assessment，2015，20（5）：623-631.

[127] HONG J，ZHOU J，et al. Comparative study of life cycle environmental and economic impact of corn- and corn stalk-based-ethanol production [J]. Journal of Renewable & Sustainable Energy，2015，7（2）：952-959.

[128] HONG J，ZHOU J. Economic and environmental assessment of biogas production from straw [J]. Applied Mechanics and Materials，2012，148：688-691.

[129] HONG J，ZHOU J. Economic and environmental assessment of straw direct-fired power generation [J]. Applied Mechanics and Materials，2012，148：703-706.

[130] HONG J. Uncertainty propagation in life cycle assessment of biodiesel versus diesel：global warming and non-renewable energy [J]. Bioresource Technology，2012：3-7.

[131] HOOGMARTENS R, VAN PASSEL S, VAN ACKER K, et al. Bridging the gap between LCA, LCC and CBA as sustainability assessment tools [J]. Environmental Impact Assessment Review, 2014: 27-33.

[132] HUNT R G, FRANKLIN W E, HUNT R G.LCA—How it came about [J]. International Journal of Life Cycle Assessment, 1996, 1 (1): 4-7.

[133] IRALDO F, FACHERIS C, NUCCI B. Is product durability better for environment and for economic efficiency? A comparative assessment applying LCA and LCC to two energy-intensive products [J]. Journal of Cleaner Production, 2016, 140: 1353-1364.

[134] ISHII K, FURUICHI T, FUJIYAMA A, et al. Logistics cost analysis of rice straw pellets for feasible production capacity and spatial scale in heat utilization systems: a case study in Nanporo town, Hokkaido, Japan [J]. Biomass & Bioenergy, 2016: 155-166.

[135] ISLAM H, JOLLANDS M, SETUNGE S.Life cycle assessment and life cycle cost implication of residential buildings—A review [J]. Renewable & Sustainable Energy Reviews, 2015, 42: 129-140.

[136] JOHNSON E. Handbook on life cycle assessment operational guide to the ISO standards [J]. Environmental Impact Assessment Review, 2003, 23 (1): 129-130.

[137] JOLLIET O, MARGNI M, CHARLES R, et al. IMPACT 2002+: a new life cycle impact assessment methodology [J]. International Journal of Life Cycle Assessment, 2003, 8 (6): 324-330.

[138] JUNEJA A, KUMAR D, MURTHY G S, et al. Economic feasibility and environmental life cycle assessment of ethanol production from lignocellulosic feedstock in Pacific Northwest U. S. [J]. Journal of Renewable and Sustainable Energy, 2013, 5 (2).

[139] KANG B S, LEE J H, SHIN C K, et al. Hybrid machine learning system for integrated yield management in semiconductor manufacturing [J]. Expert Systems with Applications, 1998, 15 (2): 123-132.

[140] KATSUMI T, SATOSHI H, OSAMU N, et al. Influence of emission from rice straw burning on bronchial asthma in children [J]. Pediatrics International, 2000, 42 (2): 143-150

[141] KUMAR D, MURTHY G S.Life cycle assessment of energy and GHG emissions during ethanol production from grass straws using various pretreatment processes [J]. International Journal of Life Cycle

Assessment, 2012, 17 (4): 388-401.

[142] KUNIMITSU Y, UEDA T. Economic and environmental effects of rice-straw bioethanol production in Vietnam [J]. Paddy and Water Environment, 2012: 411-421.

[143] LAN Z. Life cycle assessment for large-scale centralized straw gas supply project [J]. Journal of Anhui Agricultural Sciences, 2010.

[144] LA ROSA A D, COZZO G, LATTERI A, et al. Life cycle assessment of a novel hybrid glass-hemp/thermoset composite [J]. Journal of Cleaner Production, 2013: 69-76.

[145] LAUNIO C, ASIS C A, MANALILI R G, et al. Cost-effectiveness analysis of farmers' rice straw management practices considering CH4 and N2O emissions [J]. Journal of Environmental Management, 2016: 245-252.

[146] LAUNIO, CHERYLL C, et al. Economic analysis of rice straw management alternatives and understanding farmers' choices [J]. Eepsea Research Report, 2013: 93-111.

[147] LEPONIEMI A P, SIPILA E, JOHANSSON A, et al. Assessment of combined straw pulp and energy production [J]. Bioresources, 2011, 6 (2): 1094-1104.

[148] LI X, MUPONDWA E, PANIGRAHI S, et al. Life cycle assessment of densified wheat straw pellets in the Canadian Prairies [J]. International Journal of Life Cycle Assessment, 2012, 17 (4): 420-431.

[149] LI X, YANG Y, XU X, et al. Air pollution from polycyclic aromatic hydrocarbons generated by human activities and their health effects in China [J]. Journal of Cleaner Production, 2016: 1360-1367.

[150] LIANG S, ZHANG T, et al. Comparisons of four categories of waste recycling in China's paper industry based on physical input-output life-cycle assessment model [J]. Waste Management, 2012, 32 (3): 603-612.

[151] LIM S R, PARK J M. Environmental and economic analysis of a water network system using LCA and LCC [J]. Aiche Journal, 2007, 53 (12): 3253-3262.

[152] LINDEDAM J, BRUUN S, JØRGENSEN H, et al. Cultivar variation and selection potential relevant to the production of cellulosic ethanol from wheat straw [M] // Biomass and Bioenergy.2015: 221-228.

[153] LIU B B, FENG W, WU Y Z, et al. A comparative analysis of straw

utilization for bioethanol and bioelectricity as vehicle power sources in China [J] . International Journal of Green Energy, 2012, 9 (8) : 731-748.

[154] LIU J, WU J, LIU F, et al. Quantitative assessment of bioenergy from crop stalk resources in Inner Mongolia, China [J] . Applied Energy, 2012: 305-318.

[155] LU W, ZHANG T. Life - cycle implications of using crop residues for various energy demands in China [J] . Environmental Science & Technology, 2010, 44 (10): 4026-4032.

[156] LUO L, DER VOET E V, HUPPES G, et al. Life cycle assessment and life cycle costing of bioethanol from sugarcane in Brazil [J] . Renewable & Sustainable Energy Reviews, 2009, 13 (6): 1613-1619.

[157] MURPHY C W, KENDALL A.Life cycle analysis of biochemical cellulosic ethanol under multiple scenarios [J] . Gcb Bioenergy, 2015, 7 (5) : 1019-1033.

[158] NORRIS G A. Integrating life cycle cost analysis and LCA [J] . International Journal of Life Cycle Assessment, 2001, 6 (2) : 118-120.

[159] PALMIERI N, FORLEO M B, GIANNOCCARO G, et al. Environmental impact of cereal straw management: an on - farm assessment [J] . Journal of Cleaner Production, 2017, 142: 2950-2964.

[160] PAWELZIK P F, ZHANG Q. Evaluation of environmental impacts of cellulosic ethanol using life cycle assessment with technological advances over time [J] . Biomass & Bioenergy, 2012: 162-173.

[161] PETERS J F, IRIBARREN D, DUFOUR J, et al. Biomass pyrolysis for biochar or energy applications? A life cycle assessment [J] . Environmental Science & Technology, 2015, 49 (8): 5195-5202.

[162] REICH M C. Economic assessment of municipal waste management systems—case studies using a combination of life cycle assessment (LCA) and life cycle costing (LCC) [J] . Journal of Cleaner Production, 2005, 13 (3): 253-263.

[163] ROSENBAUM R K, BACHMANN T M, GOLD L S, et al. USEtox-the UNEP-SETAC toxicity model: recommended characterisation factors for human toxicity and freshwater ecotoxicity in life cycle impact assessment [J] . International Journal of Life Cycle Assessment,

2008, 13（7）：532-546.

[164] ROY P, ORIKASA T, TOKUYASU K, et al..Evaluation of the life cycle of bioethanol produced from rice straws ［J］. Bioresource Technology, 2012：239-244.

[165] SALA S, WOLF MA, PANT R.Characterisation factors of the ILCD Recommended Life Cycle Impact Assessment methods：database and Supporting Information ［M］. Luxembourg：Publications Office of the European Union, 2012.

[166] SASAKI K, OKAMOTO M, SHIRAI T, et al. Toward the complete utilization of rice straw：methane fermentation and lignin recovery by a combinational process involving mechanical milling, supporting material and nanofiltration ［J］. Bioresource Technology, 2016：830-837.

[167] SASTRE C M, GONZÁLEZ-ARECHAVALA Y, SANTOS A M. Global warming and energy yield evaluation of Spanish wheat straw electricity generation - A LCA that takes into account parameter uncertainty and variability ［J］. Applied Energy, 2015, 154（11）：900-911.

[168] SCHMEHL M, MUSSIG J, SCHONFELD U, et al. Life cycle assessment on a bus body component based on hemp fiber and PTP ［J］. Journal of Polymers and The Environment, 2008, 16（1）：51-60.

[169] SENTHIL K D, ONG S K, NEE A Y C, et al. A proposed tool to integrate environmental and economical assessments of products ［J］. Environmental Impact Assessment Review, 2003, 23（1）：51-72.

[170] SHAFIE S M, MASJUKI H H, MAHLIA T M, et al. Life cycle assessment of rice straw-based power generation in Malaysia ［J］. Energy, 2014：401-410.

[171] SHAFIE S M. Paddy residue based power generation in Malaysia：environmental assessment using LCA approach ［J］. Journal of Engineering & Applied Sciences, 2015, 10（15）.

[172] SONG B S.Cost analysis of laccase production with rice straws as the sole carbon and energy source ［J］. Applied Mechanics and Materials, 2014：1680-1684.

[173] SILALERTRUKSA T, GHEEWALA S H.A comparative LCA of rice straw utilization for fuels and fertilizer in Thailand ［J］. Bioresour Technol, 2013, 150（12）：412.

[174] SMIL V.Crop Residues：agriculture's largest harvest ［J］. BioScience,

2011, 49 (4): 299-308.

[175] SOAM S, KAPOOR M, KUMAR R, et al. Global warming potential and energy analysis of second generation ethanol production from rice straw in India [J]. Applied Energy, 2016, 184: 353-364.

[176] STEEN B.A Systematic Approach to Environmental Priority Strategies in Product Development (EPS) Version 2000- Models and data of the default method [M]. Gothenburg, Sweden: Centre for Environmental Assessment of Products and Material Systems, 1999.

[177] SURAMAYTHANGKOOR T, GHEEWALA S H. Implementability of rice straw utilization and greenhouse gas emission reductions for heat and power in Thailand [J]. Waste and Biomass Valorization, 2011, 2 (2): 133-147.

[178] TIAN W, LIAO C, LI L, et al. Life cycle assessment of energy consumption and greenhouse gas emissions of cellulosic ethanol from corn stover [J]. Chinese Journal of Biotechnology, 2011, 27 (3).

[179] TIPAYAROM D, OANH N T K. Effects from open rice straw burning emission on air quality in the Bangkok Metropolitan Region [J]. Scienceasia, 2007, 33 (3): 339-345.

[180] TOFFOLETTO L, BULLE C, GODIN J, et al.LUCAS-a new LCIA method used for a Canadian-Specific Context [J]. International Journal of Life Cycle Assessment, 2006, 12 (2): 93-102.

[181] VAN NGUYEN H, NGUYEN C D, VAN TRAN T, et al. Energy efficiency, greenhouse gas emissions, and cost of rice straw collection in the mekong river delta of vietnam [J]. Field Crops Research, 2016: 16-22.

[182] WANG H W, YING W, MA B L, et al. The research progress of comprehensive utilization of crop straw [J]. Advanced Materials Research, 2013: 1211-1218.

[183] WANG Q, LI W, GAO X, et al. Life cycle assessment on biogas production from straw and its sensitivity analysis [J]. Bioresource Technology, 2016, 201 (201): 208-214.

[184] WHITMAN T, YANNI S F, WHALEN J K, et al. Life cycle assessment of corn stover production for cellulosic ethanol in Quebec [J]. Canadian Journal of Soil Science, 2011, 91 (6): 997-1012.

[185] XU C, HONG J, CHEN J, et al. Is biomass energy really clean? An

environmental life-cycle perspective on biomass-based electricity generation in China [J]. Journal of Cleaner Production, 2016: 767-776.

[186] XU S, LIU W, TAO S, et al. Emission of polycyclic aromatic hydrocarbons in China [J]. Environmental Science & Technology, 2006, 40 (3): 702-708.

[187] YAN X, OHARA T, AKIMOTO H, et al. Bottom-up estimate of biomass burning in Mainland China [J]. Atmospheric Environment, 2006, 40 (27): 5262-5273.

[188] ZHANG H, YE X, CHENG T, et al. A laboratory study of agricultural crop residue combustion in China: emission factors and emission inventory [J]. Atmospheric Environment, 2008, 42 (36): 8432-8441.

[189] ZHANG L, LIU Y, HAO L, et al. Contributions of open crop straw burning emissions to PM2.5 concentrations in China [J]. Environmental Research Letters, 2016, 11 (1).

[190] ZHANG Y, TAO S, SHEN H, et al. Inhalation exposure to ambient polycyclic aromatic hydrocarbons and lung cancer risk of Chinese population [J]. Proceedings of the National Academy of Sciences of the United States of America, 2009, 106 (50): 21063-21067.

[191] ZHANG Z, ZHAO W, ZHAO W, et al. Commercialization development of crop straw gasification technologies in China [J]. Sustainability, 2014, 6 (12): 9159-9178.

索引